지구의 역사를 바꾼

9가지
자연재해

청소년교양 02
지구의 역사를 바꾼 9가지 자연재해

1판 1쇄 발행 | 2008. 2. 25.
개정 1판 1쇄 인쇄 | 2020. 3. 17.
개정 1판 1쇄 발행 | 2020. 3. 20.

브린 버나드 글·그림 | 임지원 옮김 | 이충호 감수

발행처 김영사
발행인 고세규
편집 김지아 디자인 윤소라 마케팅 곽희은 홍보 박은경
등록번호 제 406-2003-036호
등록일자 1979. 5. 17.
주　　소 경기도 파주시 문발로 197(우-10881)
전　　화 마케팅부 031-955-3100 편집부 031-955-3113~20
팩　　스 031-955-3111

DANGEROUS PLANET :
Natural Disasters that Changed History by Bryn Barnard
Text and Illustrations copyright ⓒ 2003 by Bryn Barnard
All rights reserved.
This Korean edition was published by Gimm-Young Publishers, Inc. in 2008
by arrangement with Random House Children's Books, a division of Random House, Inc.
through KCC(Korea Copyright Center Inc.), Seoul.

값은 표지에 있습니다.
ISBN 978-89-349-9567-8 43450

좋은 독자가 좋은 책을 만듭니다. 김영사는 독자 여러분의 의견에 항상 귀 기울이고 있습니다.
전자우편 book@gimmyoung.com | 홈페이지 www.gimmyoungjr.com

이 도서의 국립중앙도서관 출판시도서목록(CIP)은 서지정보유통지원시스템 홈페이지(http://seoji.nl.go.kr)와
국가자료공동목록시스템(http://www.nl.go.kr/kolisnet)에서 이용하실 수 있습니다.
(CIP제어번호: CIP2020007762)

어린이제품 안전특별법에 의한 표시사항

제품명 도서 제조년월일 2020년 1월 20일 제조사명 김영사 주소 10881 경기도 파주시 문발로 197
전화번호 031-955-3100 제조국명 대한민국 ⚠주의 책 모서리에 찍히거나 책장에 베이지 않게 조심하세요.

＊이 책은 〈위험한 행성 지구〉(2008. 2. 25.)를 새로 펴낸 것입니다

지구의 역사를 바꾼
9가지
자연재해

브린 버나드 글·그림 │ 임지원 옮김 │ 이충호 감수

주니어김영사

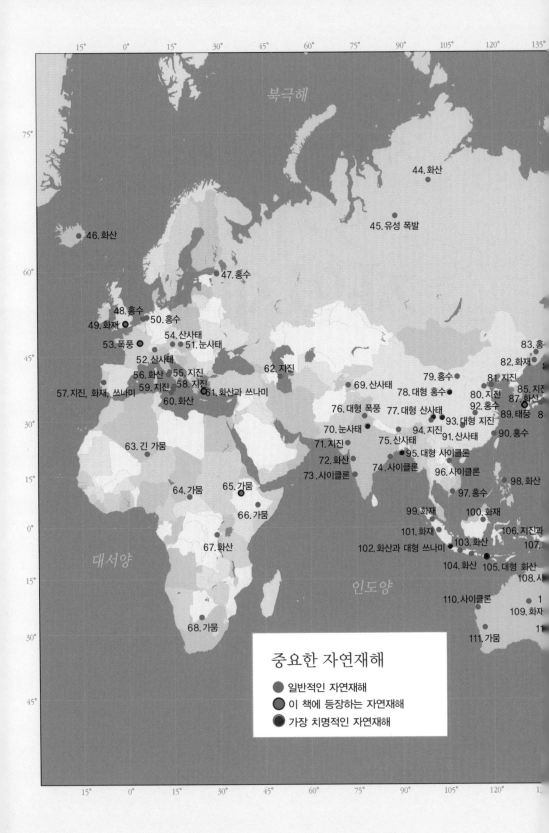

중요한 자연재해

● 일반적인 자연재해
● 이 책에 등장하는 자연재해
● 가장 치명적인 자연재해

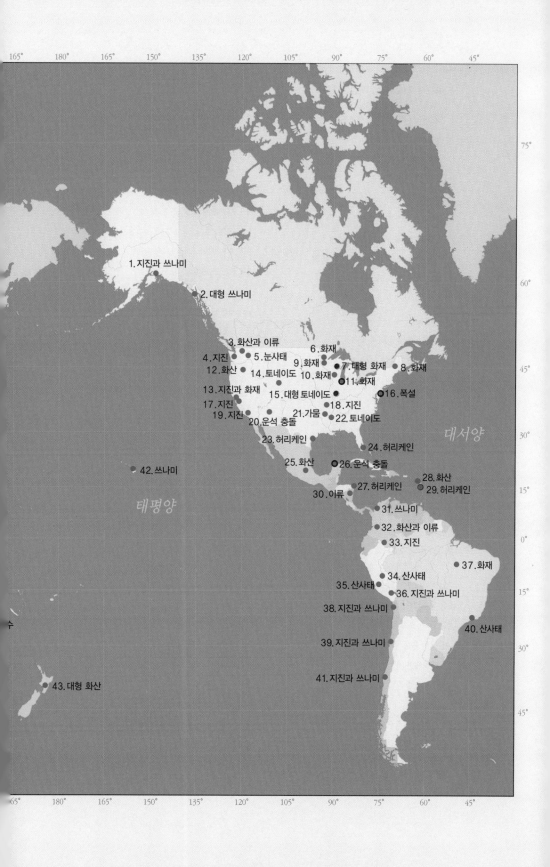

165°   180°   165°   150°   135°   120°   105°   90°   75°   60°   45°

1. 지진과 쓰나미

2. 대형 쓰나미

3. 화산과 이류
4. 지진   5. 눈사태   6. 화재
12. 화산   14. 토네이도   9. 화재   7. 대형 화재   8. 화재
13. 지진과 화재   10. 화재   11. 화재
17. 지진   15. 대형 토네이도   16. 폭설
19. 지진   18. 지진
20. 운석 충돌   21. 가뭄   22. 토네이도

대서양

23. 허리케인   24. 허리케인
42. 쓰나미   25. 화산   26. 운석 충돌   28. 화산
27. 허리케인   29. 허리케인
태평양   30. 이류
31. 쓰나미
32. 화산과 이류
33. 지진
37. 화재
34. 산사태
35. 산사태
36. 지진과 쓰나미
38. 지진과 쓰나미
40. 산사태
39. 지진과 쓰나미
41. 지진과 쓰나미

43. 대형 화산

165°   180°   165°   150°   135°   120°   105°   90°   75°   60°   45°

75°
60°
45°
30°
15°
0°
15°
30°
45°

■ 지도 속 재해 발생 지명과 연도

1. 지진과 쓰나미_앵커리지 1964
2. 대형 쓰나미_리투아 만 1958
3. 화산과 이류_레이니어 산 BC 200, 5400
4. 지진_올림피아 2001
5. 눈사태_웰링턴 1910
6. 화재_클로케 1918
7. 대형 화재_페스티고 1817
8. 화재_메인 주와 뉴브런즈윅 주 1825
9. 화재_힝클리 1918
10. 화재_위스콘신 1894
11. 화재_시카고 1817
12. 화산_세인트헬렌스 산 1980
13. 지진과 화재_샌프란시스코 1906
14. 토네이도_미 중서부 1917, 1974
15. 대형 토네이도_미주리 주, 일리노이 주, 인디애나 주 1925
16. 블리자드_미 동해안 1888
17. 지진_로마 프리에타 1989
18. 지진_뉴마드리드 1811~12
19. 지진_노스리지 1994
20. 운석 충돌_베린저 BC 50,000
21. 가뭄_그레이트 플레인스 1931~37
22. 토네이도_미 남부 1840, 1884, 1896, 1932, 1936, 1952
23. 허리케인_갤버스턴 1925
24. 허리케인_플로리다 1992
25. 화산_포포카테페틀 산 1995~97
26. 운석 충돌_칙술루브 BC 65,000,000
27. 허리케인_온두라스와 니카라과 1998
28. 화산_펠레 1902
29. 허리케인_마르티니크와 바베이도스 1780
30. 이류_엘토로라 1999
31. 쓰나미_산후안 1979
32. 화산과 이류_네바도 델 루이스 1595, 1845, 1995
33. 지진_콜롬비아 1999
34. 산사태_충가 1971
35. 산사태_후안카벨리까 1974
36. 지진과 쓰나미_남 페루 1604, 1845, 2001
37. 화재_브라질령 아마존 1998
38. 지진과 쓰나미_아리카 1868
39. 지진과 쓰나미_칠레 1960
40. 산사태_리우데자네이루 1966
41. 지진과 쓰나미_탈카우아노 1835
42. 쓰나미_하와이 1946, 1960
43. 대형 화산_타우포 BC 700,000
44. 화산_시베리아 트랩 BC 250,000,000
45. 유성 폭발_퉁구스카 1908
46. 화산_스케입터(라커) 1783
47. 홍수_상트페테르부르크 1824
48. 홍수_영국과 네덜란드 1099
49. 화재_런던 1666
50. 홍수_네덜란드 1287, 1421
51. 눈사태_스위스, 오스트리아 및 이탈리아의 알프스 AD 1618, 1689, 1720, 1916, 1950~51, 1954
52. 산사태_골다우 계곡 1806
53. 폭풍_샤르트르 1360
54. 산사태_치아벤나 1618
55. 지진_나폴리 1693
56. 화산_베수비오 산 79
57. 지진, 화재, 쓰나미_리스본 1755
58. 지진_카타니아 1693
59. 지진_메시나 1908
60. 화산_에트나 1669
61. 화산과 쓰나미_칼리스테 BC 1628
62. 지진_세마하 1667
63. 긴 가뭄_사헬 1972~1975, 1984~85

64. 가뭄_서중앙 아프리카 1570~80, 1640~50
    1650, 1710~20, 1784~1795

65. 가뭄_악숨 750

66. 가뭄_아프리카의 뿔(소말리아 인근) 1543~62,
    1618, 1828~29, 1864~66, 1876~78, 1880,
    1888~92, 1899~1900, 1913~14, 1920~22,
    1932~34, 1953, 1957~58, 1964~66,
    1973~74, 1983~84, 1987~88, 1990~92,
    1993~94

67. 화산_니라공고 산 1977

68. 가뭄_남아프리카 1784, 1795, 1820~30,
    1890, 1921~29, 1983, 1992~3

69. 산사태_카이트 1949

70. 눈사태_라홀 계곡 1979

71. 지진_구자라트 주 2001

72. 화산_데칸 트랩 BC 65,000,000

73. 사이클론_뭄바이 1882

74. 사이클론_벵골 방글라데시 1737, 1864,
    1876, 1942, 1963, 1965

75. 산사태_다르질링 1980

76. 대형 폭풍_모라다바드 1888

77. 대형 산사태_간쑤 성 1920

78. 대형 홍수_황하 1332

79. 홍수_황하 1887, 1939

80. 지진_탕산 1976

81. 지진_보하이 만 1290

82. 화재_만주 1987

83. 홍수_만주 1951

84. 쓰나미_산리쿠 1897, 1933

85. 지진과 산사태_간토 1923

86. 지진_고베 1995

87. 화산_후지 산 1907~08

88. 쓰나미_혼슈 1707

89. 태풍_규슈 1274, 1281

90. 홍수_푸저우 1948

91. 산사태_쓰촨 분지 1981

92. 홍수_카이펑 1642

93. 대형 지진_산시 성 1556

94. 지진_간쑤 성 1920, 1932

95. 대형 사이클론_방글라데시 1970

96. 사이클론_하이퐁 1881

97. 홍수_메콩 삼각주 1964

98. 화산_마욘 산 1993

99. 화재_토바 BC 71,000

100. 화재_보르네오 1987, 1993

101. 화재_수마트라 1993

102. 화산과 대형 쓰나미_크라카타우 1883

103. 화산_갈룽 산(인도네시아) 1822

104. 화산_켈루트 산 1586, 1919

105. 대형 화산_탐보라(인도네시아) 1815

106. 지진과 쓰나미_파푸아뉴기니 1998

107. 화산_래밍턴 1951

108. 사이클론_배서스트 1899

109. 화재_중앙 오스트레일리아 1974~75

110. 사이클론_킴벌리 해안 1956

111. 가뭄_남서부 오스트레일리아 1914~1915

112. 가뭄_남동부 오스트레일리아 1937~45, 1965~66

113. 화재_남동부 오스트레일리아 1939, 1997

114. 홍수_브리즈번 1893

115. 가뭄_퀸즐랜드 주 AD 1895~1902, 1991~95

조금은 불편한 진실

지구상에 생명이 탄생해 살아가는 것은 정말로 기적과 같은 일이다. 우주에 수많은 별과 행성이 있지만, 생명이 사는 세계는 지구말고는 아직까지 단 하나도 발견되지 않은 것만 보더라도 이것이 얼마나 희귀한 일인지 짐작할 수 있다. 행성에 생명이 살아갈 수 있는 조건들을 따져 보면, 지구는 정말로 축복받은 세계라 할 수 있다.

그러나 이러한 지구마저도 결코 안전한 장소가 아니다. 우리의 발밑 깊은 곳에서는 뜨거운 마그마가 부글부글 끓고 있어 언제 땅 밑이 갈라지며 지진이 일어나거나 화산이 폭발할지 알 수 없다. 또 언제 커다란 소행성이나 혜성이 충돌하여 큰 재앙이 일어날지 알 수 없다. 종잡을 수 없는 기상이나 장기적인 기후 변화도 나라나 문명을 흥하게 하거나 망하게도 한다.

지금까지 지구상에서 일어난 대량 멸종 사건은 모두 다섯 차례가 있었다. 특히 약 2억 5000만 년 전 페름기 말기에는 지구상에 존재하던 전체 바다 생물 중 90%가 멸종하는 엄청난 사건이 일어났다. 6500만 년 전에는 전 세계의 육지를 지배하고 있던 공룡을 비롯해 많은 생물이 멸종하는 사건이 일어났다.

이 책에서는 이러한 큰 재앙들을 비롯해 인류의 역사에서 흐름을

바꾼 중요한 자연 재해들을 다루고 있다. 그 중에는 미노아 문명을 멸망시킴으로써 그리스를 서양 문명의 원류로 탄생시킨 지진 해일, 몽골 – 고려 연합군의 일본 침공을 수포로 돌아가게 함으로써 동아시아의 역사에 큰 영향을 미친 태풍, 영국과 프랑스 간에 벌어진 백년 전쟁의 흐름을 바꾸어 놓은 우박 세례, 전 세계의 기온을 떨어뜨려 흉작과 대량 기근 사태를 불러온 탐보라 화산 폭발, 미국의 무질서한 도시 체계와 부패한 정치인들을 일소한 블리자드, 도시를 완전히 폐허로 만들어 일본인을 공황 상태로 몰아넣고 군사 독재와 제국주의를 향해 나아가게 한 관동 대지진 등이 있다. 이 책에서는 이런 무서운 자연 재해가 역사의 흐름을 어떻게 바꾸었고, 사람들은 거기서 어떤 교훈을 얻었는가를 살펴본다.

그런데 《맹자》에 "하늘이 내린 재앙은 피할 수 있으나, 스스로 만든 재앙은 피할 수 없다."라는 말이 있다. 지금 우리는 자연재해보다 더 큰 재앙을 스스로 만들어 내고 있으니, 그것은 바로 환경 파괴와 지구 온난화이다. 이 책의 맨 마지막 장에서는 바로 우리가 만들어 낸 재앙을 다루고 있다. 지구 온난화는 인간의 척도로 보기에는 아주 느린 속도로 진행되고 있어 –100년에 겨우 1℃정도 – 우리는 '냄비 속의 개구리'처럼 그 변화에 둔감하지만, 이것은 비단 해수면 상승뿐만 아니라, 생태계에 큰 변화를 초래하고 있다. 그래서 일부의 평가에 따르면 많게는 하루에 100여 종의 생물이 멸종하고 있다고 하는데, 이것은 지구 역사상 최대 규모였던 페름기 대량 멸종을 훨씬 넘어서는 규모이다. 그래서 지금 여섯 번째 대량 멸종이 진행 중이라고 이야기하는 사람들도 있다.

인간은 아주 이기적인 종이라서, 자신이 조금 편안하게 살기 위해 다른 종을 마구 죽이는 짓을 서슴지 않는다. 그러나 다른 종들이 거의 사라진 삭막한 지구에서 과연 우리는 행복하게 살아갈 수 있을까? 저자는 모든 생명이 조화를 이루어 살아갈 수 있는 지구를 위해 우리에게 생활 방식을 바꾸라고 이야기한다. 우리가 조금 불편하게 살더라도, 모두가 조화롭고 행복하게 살아갈 수 있는 지구를 만들도록 노력하는 게 필요하다. 그렇지 않으면, 우리가 조금 편하기 위해 만들어 낸 재앙이 다른 생물들은 물론이고 우리 자신마저 돌이킬 수 없게 파멸시킬지 모른다.

2008년 2월 감수자 이종호

인간의 생존은
위험한 행성에 달려 있다

구르는 조약돌

우리는 우연이 지배하는 세계에서 살고 있다. 마치 물결에 휩쓸려 내려오는 돌멩이처럼 차례로 새로운 사건들이 일어난다. 그 중에는 민들레 씨앗을 멀리 퍼뜨리는 바람과 같이 작은 사건도 있다. 혹은 우주를 탄생시킨 빅뱅처럼 큰 사건도 있다. 대륙의 이동이나 문명의 붕괴 등 대부분의 사건들은 이런 양 극단 사이의 어딘가에 머무르고 있다. 크고 작은 사건들, 중요하거나 사소한 사건들이 하나씩 하나씩 차곡차곡 쌓여서 역사가 이루어진다.

그런데 이따금 어떤 사건은 눈사태나 산사태처럼 꼬리를 물고 일어나는 일련의 결과들을 만들어 낸다. 이러한 사건은 그 뒤에 일어날 모든 사건들을 바꾸어 놓는다.

이 책은 인류 역사에 광범위한 파급 효과를 미친 자연재해를 다루고 있다. 자연재해란 사람을 죽거나 다치게 하고 재산을 파괴하며, 금전적 손실을 가져오는 기후나 환경과 관련된 사건을 말한다. 예측할 수 없게 저절로 일어나는 재앙은 '신의 행위'라고 여겨졌다. 재해 가운데에는 화재와 같이 사람의 활동이 원인이 되어 시작되는 것도 있다. 이 모든 재해들은 우리가 사는 세상의 모습을 빚어내는 데 커다란 영향을 미쳐 왔다.

물에 잠긴 과거

예를 들어 고대 그리스가 존재하지 않은 세상을 상상해 보자. 트로이 전쟁도 없고, 그리스 문명도 없었고, 따라서 민주주의도 나타나지 않은 세상 말이다. 그러면 로마 문명도 없었을 것이다. 적어도 그리스를 모델로 한 로마 문명은 존재하지 않았을 것이다. 로마의 공화정, 로마법, 로마 양식의 아치나 돔, 기둥도 없었을 것이다. 그러한 것들이 빠진 교회당과 이슬람교 사원을 상상해 보라! 뿐만 아니라 로마의 언어도 없었을 것이고 영어도 생겨나지 못했을 것이다.

화산과 지진해일로 미노아 문명이 거의 파괴되면서 그러한 가능성은 사라져 버렸다. 미노아에 일어난 재앙은 이웃한 미케네 문명이 거대한 문명으로 성장할 기회를 주었고, 그 문명은 호메로스의 서사시 《일리아스》와 《오디세이아》에 의해 불멸의 생명을 얻게 되었다.

나는 여러 자연재해 중에서 그 충격과 재해의 종류, 배경을 고려해서 9개의 놀라운 이야기들을 골랐다. 여기에는 눈보라, 태풍, 우박,

지진, 화재, 화산 폭발, 지진해일, 가뭄, 외계 천체의 충돌 등이 포함
된다. 그리고 마지막 부분에서는 우리가 미래에 겪게 될지 모를, 인
류의 역사를 바꿔 놓을 재해들을 다루고 있다.

자연 앞에서 작아지는 인간

　인간의 역사에 아주 큰 영향을 미친 재해에만 초점을 맞추다 보니
상당수의 재해는 제외될 수밖에 없었다. 예를 들면 이 책에서 여러분
은 토네이도에 대해서 볼 수 없을 것이다. 산사태나 벼락에 관한 이
야기도 없다. 한편 파괴적인 화재와 가뭄이 자주 일어나는 오스트레
일리아나 산사태, 허리케인, 지진, 지진해일의 피해를 반복해서 입는
남아메리카에서 일어난 재해도 이 책에서 다루지 않는다.

　그 이유는 이 두 대륙에서 일어난 재해들은 이 책에 등장하는 이야
기들처럼 분명하게 입증된 장기적 파급 효과가 없기 때문이다. 뿐만
아니라 이 책에서 다룬 사건들이 같은 종류의 재해 가운데에서 최악
이었다거나, 가장 규모가 컸다거나, 가장 치명적이었던 것도 아니다.
만일 여러분이 역사상 규모가 아주 큰 자연재해에 관심이 있다면 이
책 앞에 있는 세계 지도를 참고하라. 주요 자연재해들을 좀 더 광범

위하게 살펴볼 수 있을 것이다.

재해를 극적인 역사적 사건의 주인공으로 보는 시각은 어쩌면 지나치게 단순한 것일지도 모른다. 인간의 창의력이나 개성, 문화, 정치, 기술, 그리고 그 밖에 다른 수많은 요소들 역시 역사를 형성하는 데 중요한 역할을 하지 않았을까?

물론 그렇다. 자연재해의 발생과 그것이 초래한 결과에는 많은 요소들이 얽혀 있다. 그러나 우리는 역사에서 우리가 담당한 역할 – 역사적 인물, 연설, 계략, 로맨스, 배신 등 – 을 지나치게 강조한다. 우리는 자신을 매력적인 존재로 여기는 경향이 있다. 사실 고작 몇백 년 전만 하더라도 우리는 인간이 세계의 확고부동한 중심이고, 태양과 별과 모든 행성이 가장 중요한 피조물인 우리 인간을 중심으로 돌아간다고 믿지 않았던가?

불안정한 터전

오늘날 우리는 그때보다는 우리를 둘러싸고 있는 것들에 대해 잘 알고 있다. 우리가 사는 지구는 중심부가 액체 상태이고, 표면은 움직이는 지각으로 이루어져 있으며, 그 위는 얇은 층의 대기로 덮혀 있어 수많은 복사를 받으면서 온갖 파편으로 가득한 우주 공간 속에서 아슬아슬하게 운행하고 있다. 이 행성은 거대하지만 평범한 한 은하의 가장자리에 위치하고 있다. 과학자들의 말에 따르면, 확실하지는 않지만 우주에는 이와 같은 은하가 적어도 800억 개 이상 존재한다고 한다.

우리는 셀 수 없이 많은 진화의 우연한 사건들을 통해 출현했다. 우리는 생각할 수 있고 새로운 것을 발명할 수 있으며, 대륙을 탐험하고 강에 댐을 쌓고 원자를 쪼갤 수도 있다. 우리는 지구 주위의 궤도를 도는 인공위성을 발사할 수도 있고, 달에 갈 수도 있으며, 먼 거리에 있는 사람과 실시간으로 의사소통을 할 수도 있다. 유전자를 조작하고 현실을 조작하기도 한다.

그러나 우리는 여전히 다른 종과 마찬가지로 자연이 부리는 변덕으로부터 자유롭지 못하다. 재해가 우리를 덮칠 때마다 우리는 건강, 부, 성공, 권력, 행복, 그리고 생존 자체가 이 위험한 행성에 의존하고 있다는 사실을 깊이 깨닫게 된다. 이 사실을 생생히 기억해 둘 필요가 있다!

■목차

 # 안녕, 렉스

공룡들이 왜 사라져 버렸는지 그 정확한 원인은 아무도 모른다.
그러나 소행성이나 혜성이 지구로 날아와 오늘날의
멕시코 유카탄 반도에 충돌한 것이 그 원인일 가능성이 있다.
충돌로 인한 폭발은 그 동안 공룡을 번성하게 만들어 주었던
지구의 환경에 엄청난 변화를 가져왔다.

안녕, 렉스

우주에서 날아온 외계의 침입자, 운석이
어떻게 공룡을 몰아내고 인류에게 기회를 주었는가

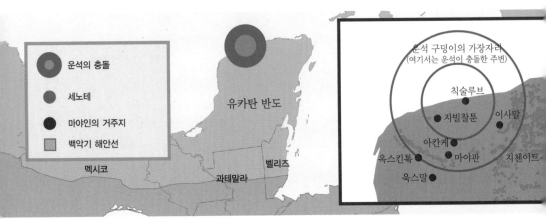

6500만 년 전

꼬리에 꼬리를 무는 멸종

약 40억 년 전 지구상에 처음 생명이 나타난 이래로 오랜 기간
에 걸쳐 서서히 진행되던 진화는 지구 전체 규모에서 일어난 대량
멸종으로 마침표를 찍곤 했다. 무서운 환경 재앙으로 지구에 살던
생물들이 싹 사라지고 나면 빈 터전 위에서 새로운 생명들이 나타
나 진화해 갔다. 예전에 지구의 주인 노릇을 하며 번성했던 생물
들은 그 수가 크게 줄거나 아예 사라져 버렸다. 그런 다음 약간의
휴지기가 지나고 나면 새로운 생물들이 진화의 역사에서 빈틈을
비집고 올라와 새로운 주인이 되었다. 이러한 대량 멸종이 처음

22

일어난 것은 4억 4000만 년 전이었다.

그 이후로 네 차례의 대량 멸종이 각각 3억 6500만 년 전, 2억 4500만 년 전, 2억 1000만 년 전과 6500만 년 전에 일어났다. 이 중 마지막으로 일어났던 대량 멸종은 공룡을 이 땅에서 사라지게 만들고 포유류에게 주인공으로 떠오를 기회를 주었다. 그리고 포유류에서 영장류가 생겨나고 영장류에서 사람이 생겨났다. 공룡을 사라지게 만든 대재앙의 원인은 아마도 외계에서 날아온 운석의 충돌 때문인 듯하다.

마지막 대량 멸종

공룡은 2억 4500만 년 전, 트라이아스기[1]가 시작될 무렵에 처음 나타났다. 트라이아스기의 지구는 따뜻하고 습기가 많았으며, 땅에는 초목이 우거지고 바닷물은 지금보다 훨씬 얕았다. 그로부터 1억 8000만 년 동안 공룡은 번성을 거듭해 진화의 역사에서 빛나는 주인공이 되었다.

쥐라기[2]에 공룡은 지구를 지배하는 동물이 되었다. 지구 곳곳에 수많은 종류의 공룡들이 살았고, 그 수 또한 엄청났다. 그런데 약

---

1 중생대의 첫 번째 기. 페름기 대멸종이 일어났던 2억 4500만 년 전에 시작되어 2억 800만 년 전까지 지속되었다. 공룡이 처음 출현했던 시기이다.

2 중생대의 중간에 놓인 시대. 2억 1000년 전에 시작되어 7000만 년 동안 계속되었다. 쥐라기 동안 공룡은 가장 번성하고 다양하게 진화되었다. 쥐라기라는 이름은 이 시기의 암석이 처음 으로 연구된 프랑스와 스위스 경계에 있는 쥐라 산맥에서 딴 것이다.

3 중생대를 셋으로 나누었을 때 마지막 시기로, 1억 4600만 년 전부터 6500만 년 전까지 지 속되었다. 중생대의 다른 기들과 마찬가지로 백악기 역시 초기, 중기, 말기로 나눌 수 있다. 암석 기록에 따르면 백악기 말에 K-T 경계가 존재한다.

6500만 년 전인 백악기[3]에 공룡 시대는 완전히 끝나게 되었다.

공룡은 조그만 녀석에서 거대한 녀석까지 몸 크기가 다양했다. 트라이아스기의 살토푸스는 몸집이 고양이만 했고, 곤충을 잡아먹고 살았다. 쿵쾅거리며 걸을 때마다 땅이 흔들거릴 정도로 육중한 몸집을 자랑하던 쥐라기와 백악기의 울트라사우루스, 세이스모사우루스, 브라키오사우루스 등의 용각류는 초식 공룡으로, 마치 소처럼 풀과 나뭇잎을 먹고 살았다. 백악기의 기간토사우루스, 스피노사우루스, 그리고 그 유명한 티라노사우루스 렉스 등 거대한 수각류는 육식 공룡으로, 다른 공룡들을 잡아먹었다.

파티가 **끝나다**

공룡들이 왜 사라져 버렸는지 정확한 원인은 아무도 모른다. 그러나 소행성이나 혜성이 지구로 날아와 오늘날의 멕시코 유카탄 반도에 충돌한 것이 그 원인일 가능성이 있다는 것이다.

지구에 떨어진 외계의 침입자는 실로 거대한 놈으로 지름이 거의 10km에 이르렀을 것으로 추정된다. 이 천체가 지구의 대기권을 지나는 데에는 채 1초도 걸리지 않았을 것이고, 순식간에 지하 40km 깊이까지 파고 들어갔을 것이다. 그 반동으로 액체 상태의 지각 물질이 거대한 산처럼 솟아올랐다가 푹 꺼지면서 폭이 150~200km쯤 되는 커다란 운석 구덩이를 만들었다.

충돌로 인한 폭발은 그 동안 공룡을 번성하게 만들어 주었던 지구의 환경에 엄청난 변화를 가져왔다. 그 충격은 1억 개의 수소 폭탄이 한꺼번에 터진 것과 맞먹었다. 바다 밑 넓은 면적에 깔려

과열된 공기가 충돌이 일어난 곳에서
몇 백 킬로미터 떨어진 곳까지 퍼져 나가면서
모든 것을 잿더미로 만들어 버렸다.

있던 석회암은 엄청난 열에 의해 이산화탄소와 황, 수증기로 변했다. 이른바 '온실 기체'라고 하는 이 기체들이 지구의 대기를 가득 채웠다. 나중에 햇빛을 받아 지표면이 데워지자, 이 기체들은 예전보다 훨씬 더 많은 열을 지구의 대기에 가두게 되었다.

뜨거운 공기가 충돌이 일어났던 장소로부터 바깥쪽으로 퍼져 나가면서 주변 수백 km 거리에 살던 모든 생명의 씨를 말려 버렸다. 폭발할 때 분출되어 하늘로 올라갔던 물질들은 수천 km 떨어진 곳까지 날아가 비처럼 쏟아져 내렸다. 웬만한 대륙에 맞먹는 면적에 산불이 일어나 공기는 온통 시커먼 검댕으로 가득 찼다. 충격파는 바닷물을 밀어내 수 km 높이의 지진해일을 일으켰다. 이 거대한 파도는 카리브 해 연안의 모든 육지를 싹 쓸어버린 후, 멀게는 지금의 미국 캔자스 주까지 그 퇴적물을 쌓아 놓았다. 산불과 홍수는 북아메리카와 중앙아메리카 대부분의 지역을 생명이 없는 황무지로 탈바꿈시켰다.

뜨거운 맛을 실컷 보다

충돌로 인해 대기 상층부로 날아 올라간 먼지들은 지구를 둘러 쌌고, 결국 몇 달 동안 햇빛을 완전히 차단해 버렸다. 지구는 길고 추운 밤의 세계로 접어들었다. 수증기는 산성비가 되어 지표면으로 되돌아와서 땅과 물을 오염시켰다. 먼지가 걷히자, 대기는 석회암이 기화하면서 만들어진 이산화탄소로 가득찼고, 온실처럼 기온이 크게 올라갔다. 이 열은 아마도 1,000년 정도 계속되었을 것이다.

충돌로 인한 폭발은
수소 폭탄 1억 개가
폭발하는
위력과 맞먹었다.

예측할 수 있는 규칙적인 계절 변화 속에서 살던 식물과 동물은
이처럼 급진적인 환경 변화에 전혀 적응할 준비가 되어 있지 않았
다. 처음에는 불구덩이와 같은 열기가, 그 다음에는 혹독한 어둠
과 추위가 그리고 마지막으로 찔 듯한 더위가 찾아오자 지구상의
생물 중 절반이 죽어 나갔다. 충돌 직후의 재앙으로부터 살아남았
던 생물들은 빙하 시대에 계속된 추운 밤 동안 먹이 사슬이 붕괴
됨에 따라서 굶어 죽어 갔다.

햇빛이 차단된 상태에서 광합성을 할 수 없게 된 식물이 시들어
죽었고, 그러자 식물을 먹고 살던 초식 동물이 죽었다. 그러면서
초식 동물을 먹고 살던 육식 동물도 그 뒤를 따를 수밖에 없었다.
또 다른 생물들은 산성비에 의해 목숨을 잃었다. 아주 작은 동물
성 플랑크톤에서부터 거대한 공룡에 이르기까지 떼죽음을 당했

다. 공룡의 제왕, 막강한 티라노사우르스 렉스 역시 예외는 아니
었다.

다음은 내 차례

과거에 전 지구적 규모로 일어났던 대량 멸종 사건과 마찬가지
로 그 와중에도 일부 생물은 살아남아서 번식하고, 퍼져 나가고,
진화해 나갔다. 그렇지 않았다면 여러분은 지금 이 글을 읽을 수
없었을 것이다. 일부 세균이 살아남았고, 거북, 악어, 개구리, 상
어 그리고 식물과 포유류 일부가 목숨을 건졌다. 이들이 어떻게
재앙을 뚫고 생존할 수 있었는지 그 이유는 그저 추측만 해볼 수
있을 뿐이다.

미생물 가운데에는 햇빛이나 산소 없이도 살 수 있는 종류들이
있다. 일부 식물의 씨앗과 포자는 성장하기에 적합한 조건이 주어
질 때까지 발육 정지 상태로 몇 년을 지낼 수 있다. 일부 파충류와
양서류의 알도 마찬가지다.

대부분의 포유류는 알을 낳지 않는다. 그러나 그 당시에 살았던
포유류는 대개 몸집이 작고 털이 많아서, 춥고 먹을 것을 구하기
어려운 시기를 견뎌내는 데 도움이 되었을 것이다.

또한 포유류 가운데 일부는 겨울잠을 잔다. 따라서 그 동물들은
재앙이 일어난 직후 가장 혹독했던 시기를 겨울잠을 자면서 견뎌
냈을지도 모른다. 그리고 온실 효과로 지구 대기의 온도가 치솟았
을 때에는 온혈 동물인 포유류의 체온 조절 능력이 큰 도움이 되
었을 것이다.

비록 커다란 공룡들은 충돌에 의한 충격으로 모두 사라져 버렸지만, 공룡에서 갈라져 나온 후손 중 한 종류는 시련을 이기고 살아남았다. 그것은 바로 새(조류)이다. 몸집이 작고, 체온이 빠져나가는 것을 막아 주는 깃털이 있고, 알을 낳아 번식하는 특징은 새로운 환경에 적응하는 데 적합했다. 어떤 사람들은 새를 '조류 공룡'이라고 부르기도 한다.

대재앙에서 살아남은 생물들은 새로운 세계에서 널리 퍼져 나가고 번성했다. 그 후 수백만 년 동안 이 생물들은 진화해서 지구상에 새로운 질서를 만들어 냈다. 새들은 하늘을 자신들의 영역으로 삼았다. 그러나 몇몇 종은 몸집이 거대하여 날지 못하는 새가 되었다. 몸무게가 몇백 kg에 이르고 농구공만 한 알을 낳았던 에피오르니스[4]가 그 예이다.

포유류는 작고 털이 북실북실하던 조상으로부터 변신을 거듭하고 가지를 쳐서 조그만 뒤쥐에서 거대한 마스토돈[5]에 이르기까지, 한창때의 공룡만큼이나 크기와 모양이 다양해졌다.

그러나 약 만 년 전에 이르러 몸집이 매우 큰 새와 거대 포유류들은 거의 사라졌다. 그것은 아마도 기후 변화 때문이거나 아니면 어느 특정 종에 의한 사냥 때문인 것으로 추측된다. 그 종은 바로

---

4 지금은 멸종된 타조목 에피오르니스과의 한 속에 속하는 새로, 가장 큰 종은 몸무게가 450kg으로 추정된다. 타조 알의 7배, 달걀의 180배에 해당하는 크기의 알이 발견되기도 했다. 《아라비안 나이트》에 등장하는, 발톱으로 코끼리를 채 간다고 하는 거대한 괴조 록 새가 에피오르니스와 관계 있는 것으로 생각된다. 역

5 장비목(長鼻目) 마스토돈과 마스토돈속에 속하는 절멸 코끼리의 명칭. 9,000년 전까지 북아메리카 대륙에 살았던 아메리카마스토돈은 어깨 높이가 3m를 넘고, 머리는 현재의 코끼리와는 달리 낮고 깊다. 위턱에 길이 3m나 되는 상아가 있고 몸에는 긴 갈색 털이 나 있다. 역

지구상 어느 동물보다 교활하고 냉혹하며, 환경에 잘 적응하는 인간이다.

K-T 경계에 남아 있는 증거

지금까지 살펴본 진화와 멸종에 대한 이야기는 사진이나 글로 기록된 것이 아니다. 암석에 남아 있는 지구의 역사를 연구하던 과학자들이 한 조각 한 조각 주워 모아 짜 맞춘 이야기이다.

과학자들이 과거 사건의 단서를 얻기 위해 연구하는 암석은 퇴적 작용에 의해 만들어졌다. 퇴적 작용이란 오랜 세월에 걸쳐서 침식된 암석 입자나 생물의 사체 따위가 호수, 강, 바다의 바닥 위에 층층이 쌓이는 것을 말한다. 이 층에 열과 압력이 가해지면 퇴적물은 암석으로 변한다. 각 층마다 구성 성분이 다른 것은 각 시대의 환경 변화를 의미한다. 과학자들은 각 층에 그 층이 만들어졌던 시대의 이름을 붙인다.

1980년대에 미국 캘리포니아 대학교의 지질학자 월터 알바레즈가 주도해 세계 각국의 과학자들이 참여한 연구팀이 K-T 경계[6]를 발견했다. 이것은 공룡이 아직 존재하고 있던 백악기 말과 공룡이 사라져 버린 제3기 사이에 있는 얇은 퇴적암층을 말한다.

백악기와 제3기의 경계에 위치한 이 얇은 점토층에는 이리듐[7]이라는 원소 물질이 포함돼 있다. 이리듐은 본래 지구 표면에서는 드물게 발견되지만, 유성과 같은 외계 천체에서는 흔히 존재하는 원소이다. 어쩌면 유성이나 혜성이 충돌했을 때, 이리듐을 함유한 먼지가 지구 전체를 덮었을지도 모른다.

충돌 이론이 제시된 후 이를 뒷받침해 줄 만한 과학적 증거가 속속 나왔으나, 충돌로 인해 만들어졌을 운석 구덩이의 존재를 찾기 어려웠다. 과학자들은 수년간의 탐사 끝에 마침내 마야 인이 사는 칙술루브라는 마을 근처에서 운석 구덩이의 증거를 찾아냈다. 비록 그 운석 구덩이는 새로운 암석층으로 덮여 있었으나, 지구 자기장에 나타나는 이상을 가지고 찾아낼 수 있었다.

유카탄 반도의 충돌 지역 표면에는 오늘날에도 눈으로 확인할 수 있는 증거가 하나 남아 있다. 석회암에 둥근 구멍들이 원을 이루며 나 있는데 이를 '세노테'[8]라고 부른다. 세노테는 충돌 지역의 가장자리에 주로 몰려 있다. 칙술루브에 충돌이 일어난 지 수백만 년이 지난 후, 이 구멍들은 스페인 사람들이 아메리카 대륙을 정복하기 수세기 전에 이곳에서 번영을 누렸던 위대한 마야 문명의 주요 담수 공급원 역할을 했다.

우주의 룰렛 게임

외계에서 날아온 물체의 충돌이 대량 멸종을 설명할 수 있는 유일한 원인일까? 그렇지는 않다. 일부 과학자들은 화산 폭발설을

---

6 백악기의 끝과 제3기의 시작을 표시해 주는 얇은 암석층으로, 이리듐이 풍부하게 함유되어 있다. K-T 경계는 한편으로 백악기와 제3기의 경계라고 불리기도 한다. K-T의 K는 독일어로 '백악'을 의미하는 단어에서 온 것이다.

7 백금족에 속하는 은백색의 금속 원소.

8 '성스러운 샘물'이라는 의미의 마야 어 'dznot'에서 유래한 명칭으로 멕시코 유카탄 반도의 석회암 암석에서 발견되는 함몰 지대 또는 동굴을 가리킨다. 자연적으로 산성을 띠는 지하수가 단단한 지표면 암석의 틈으로 새어 들어가 그 아래의 좀 더 부드러운 암석을 녹여서 생긴 지질학적 현상이다.

칙술루브 사건이 있은 후
수백만 년 뒤에, 마야 문명은
충돌로 만들어진 이 세노테들을
담수 저장고와 사람을 제물로
바치는 장소로 사용했다.

주장한다. 화산 폭발에서도 역시 이리듐이 대량 분출될 수 있다.
또 다른 과학자들은 운석 충돌이나 화산과 관계없이 단순히 기온
이 내려갔기 때문이라고 주장한다. 한편 지구 전체를 휩쓴 전염병
이 대량 멸종을 낳았을 것이라고 생각하는 과학자들도 있다.

그럼에도 불구하고 운석 충돌설은 점점 더 힘을 얻고 있다. 비
록 그보다 규모는 작지만 그 밖에 수많은 운석 충돌 증거가 지구
에 남아 있기 때문이다. 그리고 최근에 천문학자들은 혜성이나 소
행성이 지구를 아슬아슬하게 스쳐 지나간 사건들을 밝혀냈다. 지
질학적 기록을 분석해 본 결과, 대량 멸종 가운데 가장 심각하고
규모가 큰 사건들은 운석 충돌과 관련이 있는 것으로 드러났다.

2억 4500만 년 전, 페름기[9] 말기의 대량 멸종 역시 운석 충돌이
그 원인으로 추측된다. 이때 지구상에 살던 생물 중 90%가 사라

졌다. 거의 모든 종류의 곤충이 죽어서 사라졌고, 성게도 단 두 계통을 제외하고 모두 사라졌다. 페름기 동안 지구상에서 가장 번성했던 삼엽충[10] 역시 영원히 사라져 버렸다.

그때 살아남은 생물 중 두 종류는 각각 공룡과 키노돈트[11]로 진화했다. 이는 우리에게는 무척 다행스러운 일이었다. 몸집이 작고 짧은 다리를 가진 육식 동물인 키노돈트는 모든 포유류의 공통 조상이다.

그렇다면 대재앙을 가져온 우주의 침입자는 대체 어디에서 온 것일까? 화성과 목성 사이에서 궤도를 그리며 태양의 둘레를 도는 소행성들이 그 원천 중 하나이다. 그리고 명왕성 바깥에 그보다 훨씬 큰 규모의 오르트 구름 – 이것을 처음 발견한 네덜란드 천문학자의 이름을 딴 것이다. – 역시 또 다른 원천이다.

오르트 구름은 약 6조 개의 혜성과 얼음 조각으로 이루어진 거대한 구형 영역이다. 오르트 구름에 속한 물체들은 태양 중력장의 힘을 약하게 받기 때문에 근처를 지나가는 항성이나 그 밖의 다른 힘에 의해 쉽게 궤도를 이탈해 태양계 안쪽으로 향하게 된다. 다행히도 지구는 아주 작은 표적이어서 명중하기 어렵다. 그러나 향

---

9 2억 8600년 전부터 2억 4500년까지에 이르는 고생대의 마지막 기. 페름기 말에 지구 역사상 다섯 차례의 대량 멸종 중 하나가 일어났다. 우주에서 날아온 천체의 충돌에 의해 일어났을 가능성이 있는 페름기 대량 멸종은 특히 바다 생물에 커다란 영향을 미쳤다. 이 멸종 사건으로 삼엽충의 전성 시대가 막을 내리게 되었다.

10 3억 년 전 고생대 바다에 살았던 단단한 껍질을 가진 절지동물. 고생대를 대표하는 생물 중 하나인 삼엽충은 페름기 말의 대량 멸종으로 사라져 버렸다.

11 포유류와 비슷한 광범위한 파충류 무리로, 지금은 멸종했다. 이 동물은 약 2억 2200만 년 전에서 2억 1200만 년 전 트라이아스기에 가장 번성했으며, 오늘날의 모든 포유류의 조상뻘이 된다.

후 1억 년 안에 지구는 또다시 대규모 충돌을 겪고 대량 멸종이 일어날 가능성이 있다.

생태계에서 인류가 차지하던 자리가 비어 버리게 되면 어떤 생물이 그 자리를 차지하고 지구를 지배하게 될까?

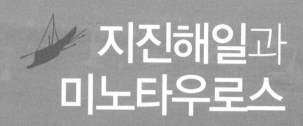

지진해일과 미노타우로스

칼리스테 섬에서 발생한 지진해일은 크레타 섬과 그리스, 심지어 멀리 떨어진 이집트의 해안에까지 밀어닥쳤다. 미노아 지역 전체에서 집들은 거센 파도의 일격에 기반부터 무너져 내렸고 배들은 항구에서 산산이 부서졌다.

지진해일과 미노타우로스

거대한 파도가 어떻게 위대한 문명을 물속에 빠뜨리고
서유럽의 운명을 결정했는가

■	칼리스테 화산 폭발 이전 미노아 문명의 영향권
■	칼리스테 화산 폭발 이후
◎	미케네 문명의 영향권 지진해일의 영향권
⬭	화산재 구름

기원전 1628년

전쟁과 **평화**

3,600여 년 전에 일어난 화산 폭발과 거대한 파도가 두 청동기 문화 중 어느 쪽이 서양 문명의 모태가 될지를 결정지었다.

미케네 인은 그리스 본토를 기반으로 호전적인 전사 문화를 이루었다. 한편 미노아 인은 크레타 섬에 기반을 둔 평화로운 해상 민족이었다. 화산 폭발은 결국 두 문화 중 더 오래되고 더 정교한 미노아 문화를 멸망시켰다. 그리하여 미노아 문화는 역사의 무대에서 밀려나 신화 속으로 들어가 버렸다. 그리고 미케네 인은 서양 문학의 가장 유명한 두 편의 서사시, 《일리아스》와 《오디세이아)의 주인공이 되었다.

미노아 인은 기원전 3000년경에 소아시아에서 크레타 섬으로 이주해 터를 잡은 것으로 보인다. 일부 고고학자들은 미노아 문화를 한때 유럽과 아시아에 널리 퍼졌던 여신 숭배 문화의 마지막 사례로 본다. 또한 미노아 인은 당시의 위대한 두 문명, 즉 이집트 문명과 메소포타미아 문명으로부터 영향을 받았다. 기원전 2100년경에 미노아 인은 황소를 숭배하는 전통을 중심으로 독특한 문화를 발달시켰다. 그리고 그들은 에게 해의 다른 섬들로, 그리고 그리스 본토 및 북아프리카 지역으로 퍼져 나갔다.

문화적으로나 기술적으로나 미노아 인은 그 당시까지 존재한 유럽의 어떤 문화보다 앞서 있었다. 미노아 인은 두 가지 문자 체계를 만들어 냈는데, 오늘날의 학자들은 둘 다 해독해 내지 못하고 있다. 그 중 하나는 일종의 상형 문자처럼 기호에 기초한 것이었고, 다른 하나는 음절에 기초한 문자였다. 또한 미노아의 정교한 도자기와 금속 공예품은 지중해 동부 지역으로 수출되었다.

미노아 인은 무역으로 부를 쌓았다. 미노아 인 대부분은 다른 나라에서는 부유한 귀족이나 누릴 법한 생활을 누렸다. 돌과 나무로 지어진 여러 층의 거대한 저택에는 호화로운 방, 응접실, 저장고, 작업실 등이 갖추어져 있었다. 공들여 만든 배관으로 더운물과 찬물이 공급되었고, 수세식 화장실도 있었다. 우아한 벽화에는 새, 꽃, 코끼리, 사슴, 아름다운 여인들이 묘사되었다. 음식을 조리하는 청동 솥과 팬은 현대적인 조리 기구와 거의 비슷한 모습이었다.

무엇보다 놀라운 것은 미노아의 도시들에는 성벽이나 문의 잠금 장치 등, 적의 침입에 대비한 요새가 없었다는 점이다. 미노아의 해군력은 어떤 나라도 따라올 수 없는 수준이었기 때문에 미노아 인은 적의 침입에 대해 걱정할 필요 없이 살았던 것으로 보인다. 아마도 바다가 천연의 해자[1] 역할을 했을 것이다. 이렇게 그들은 1500년 동안이나 계속된 평화를 누리고 살았다.

재앙의 전주곡

기원전 1628년경, 크레타 섬에서 100km쯤 떨어진 화산섬인 칼리스테 섬이 폭발했다. 그 위력은 수소 폭탄 150개와 맞먹었다. 화산 폭발은 미노아 문명의 급격한 쇠락을 가져왔다. 화산 폭발로 해저에 약 13km 폭의 분화구가 생겼다. 그리고 약 200km³의 부피에 해당하는 뜨거운 재와 암석 조각이 공중으로 솟아올라 바다 위로 퍼져 나갔다. 용광로처럼 뜨거운 공기는 낙소스 섬을 비롯하여 근처 섬의 나무를 재로, 사람을 숯 덩어리로 만들었다.

화산 분출물[2]은 칼리스테 섬을 뜨거운 재와 부석[3], 그리고 암석으로 두껍게 덮어 버렸다. 화산 먼지 구름이 밖으로 퍼져 나가면서 하얗게 작열하던 공기가 붉은색으로, 그 다음은 칠흑 같은 검은색으로 변하면서 사람과 작물을 모두 질식시켰다. 화산 폭발이

---

1 성 밖을 둘러 파서 못으로 만든 곳.
2 화산이 폭발할 때 뿜어져 나오는 물질. 분출물에는 아주 미세한 재와 기체에서부터 흑요석, 녹은 용암 덩어리, 고체의 암석 조각까지 다양한 물질들이 섞여 있다.
3 화산 분출물 중에서 희끄무레한 다공질 덩어리. 마그마가 대기 중으로 방출될 때 압력이 갑자기 감소해 마그마 중의 휘발성 성분이 빠져 나가 구멍이 많이 생기는데 비중이 낮아 물에 떠서 부석(浮石)이라고 하며 '속돌'이라고도 부른다. 엮

미노아 세계의 모든 집들은 거센 파도의 일격에
기반부터 무너져 내렸고, 항구의 배들은 산산이 부서졌다.
그리고 거대한 파도에 모든 것이 바다로 휩쓸려 갔다.

지나간 후 칼리스테 섬이 있던 자리에는 부글거리는 유황 성분의 석호⁴만이 남았다. 그것을 둘러싼 분화구 가장자리는 작은 섬들이 되었다. 주민들 중 일부는 목숨을 잃었지만, 많은 사람들은 화산이 폭발하기 전에 땅이 울리는 소리를 듣고 크레타 섬으로 대피해 재앙을 피할 수 있었다.

엄청난 위기

칼리스테 섬의 폭발은 어마어마한 규모의 파도를 일으켰다. 이러한 파도를 지진해일 또는 '쓰나미'라고 부른다. 쓰나미는 '항구를 덮치는 파도'라는 의미의 일본어이다. 쓰나미는 바닷속에서 발생한 대규모 교란에 의해 생겨난 일련의 거대한 파도를 말하는데, 보통 지진⁵으로 인해 발생하기 때문에 지진해일이라고도 하지만, 산사태, 화산 폭발, 혜성 충돌도 쓰나미를 일으킬 수 있다.

연못에 돌멩이를 던졌을 때 일어나는 물결과 마찬가지로 지진해일 역시 교란이 일어난 중심부로부터 바깥쪽으로 퍼져 나간다. 단지 그 규모가 엄청나게 더 클 뿐이다. 망망대해에서는 지진해일이 지나가는 광경이 거의 눈에 띄지 않는다. 그저 바다 표면이 점차적으로 위로 올라갔다 내려갔다 할 뿐이다. 그런데 수심이 얕은

---

4 모래나 암석에 의해 바다와 분리된 호수. 역

5 지각 아래에 있는 암석의 단층이나 판의 이동, 화산 활동 등에 의해 지각이 떨리고 진동하는 현상.

6 얼음에 의해 깎여서 생긴 계곡에 바닷물이 들어가서 생긴 폭이 좁고 깊은 후미. 역

선단이 파괴되고 도시는 폐허가 되었으며, 칼리스테 섬에서 몰려온 피난민들 때문에 크레타 섬은 경제가 휘청거리게 되었다. 크레타 섬의 미노아 인은 그리스 본토의 미케네인의 공격에 아주 취약한 상태에 놓이게 되었다.

지역에 도달하면 파도가 점점 높아진다. 파도가 마침내 해안가에 다다르면, 그것은 빠른 속도로 반복되는 큰 밀물과 썰물이나 일련의 큰 파도, 혹은 물로 된 거대한 벽처럼 보인다. 지중해처럼 육지로 둘러싸인 바다의 경우, 지진해일의 진원지로부터 해안까지의 거리가 가깝고, 바다의 깊이가 깊지 않기 때문에 엄청난 높이의 지진해일이 발생할 수 있다. 특히 밀려오는 파도가 폭이 좁은 피오르드[6]나 만으로 집중될 경우, 물의 높이는 어마어마해질 것이다.

칼리스테 섬에서 발생한 지진해일은 크레타 섬과 그리스, 심지어 멀리 떨어진 이집트 해안까지 덮쳤다. 일부 터키 땅에는 높이 250m에 이르는 파도가 내륙 50km까지 밀려왔다. 미노아 지역 전체에서 집들은 거센 파도의 일격에 기반부터 무너져 내렸고, 배들은 항구에서 산산이 부서졌다. 그리고 거대한 파도가 밀려나갈 때 모든 것이 바다로 휩쓸려 갔다.

미케네 인의 **침략**

미노아 문명은 그 후 다시 회복되지 못했다. 선단이 파괴되고 도시는 폐허가 되었으며, 칼리스테 섬에서 몰려온 피난민들 때문에 크레타 섬은 경제가 휘청거렸다. 그리스 본토의 미케네 인이 손쉽게 정복할 수 있는 상태가 되고 만 것이다. 미케네는 재앙으로 휘청거리는 미노아에 최후의 일격을 가했다. 미케네 인은 크레타 섬을 침략해 미노아를 정복했다. 미노아의 도시였던 자리에 미케네의 도시들이 들어섰다. 미노아 문화는 미케네 문화에 흡수되고, 미노아의 영광은 사라지고 말았다.

미노아 문화와 달리 미케네 문화는 전쟁과 정복에 기반을 두고 있었다. 미케네의 왕들은 적의 침입에 대비해 방어가 쉬운 언덕 위에 거대한 요새들을 지었다. 미케네의 장인들은 거대한 무덤을 만들고 호화로운 벽화를 그리고 멋진 금 장신구를 만들어 왕의 권력을 찬양했다.

또한 그들이 생산한 정교한 도자기, 금속 공예품, 돌로 된 그릇, 상아 조각품 등은 지중해 동부 전역으로 팔려 나갔다. 말이 끄는 전차와 활과 화살, 청동 갑옷, 방패와 창으로 무장한 군대를 곳곳에 배치시켰다.

그들이 사용하던 문자는 그리스 문자의 초기 형태라고 할 수 있으며 그들이 믿던 신은 훗날 고전 시대 그리스 신들의 전신이 되었다.

역사의 주인공

칼리스테 섬의 폭발 이후 500여 년 동안 미케네 인은 지중해 지역을 지배하며 군림했다. 그러나 기원전 12세기에 도리아 군대가 미케네를 정복하면서 그리스는 400년 동안 계속된 암흑시대로 접어들었다. 그러다가 기원전 776년 올림픽을 열기 시작할 무렵, 알파벳과 문학으로 통합된 새로운 그리스 문화가 출현하기 시작했다.

이 새로운 문화는 기원전 5세기경에 성숙기로 접어들었다. 이때가 그리스의 고전 시대이다. 고전 시대의 그리스는 민주주의, 과학, 수학, 철학, 건축, 종교, 연극, 시론 등이 발전했고, 이것은 오늘날 서양 문화의 기초가 되었다.

고전 시대의 그리스는 또한 남성 중심적이고 정복을 바탕으로 하고 노예에 의존하는 사회를 물려주었다. 헬레니즘이라고 불리는 이러한 그리스의 문화와 정신은 기원전 4세기에 마케도니아의 정복자 알렉산드로스 3세에 의해 에게 해에서 이집트와 아프가니스탄과 인도로 퍼져 나갔다.

인도에서는 그리스와 로마 예술이 인도 고유의 예술과 혼합되어 '굽타' 양식을 만들어 냈고, 이것은 중국, 일본, 동남아시아 일대로 퍼져 나갔다. 그리스가 로마의 손아귀에 들어간 후에 그리스 문화는 유럽 전역으로 전파되었고, 유럽 인을 통해 아메리카 대륙으로 전해졌다.

고대 서양 문학의 가장 유명한 두 작품은 기원전 8세기에 그리스에서 쓰였지만, 실제로는 초기의 미케네 세계를 묘사하고 있다. 두 작품은 바로 호메로스의 서사시, 《일리아스》와 《오디세이아》이다. 미케네 인이 소아시아의 도시 국가, 트로이를 정복하는 과정을 상세하게 묘사하고 있는 이 서사시는 그리스의 전사 문화를 영원히 후세에 남겼다.

이 두 작품은 오늘날에도 서양의 문학, 정치, 기술, 영화, 스포츠, 전쟁에 큰 영향을 미치고 있다. 영어에는 호메로스의 작품에 나오는 어구(트로이의 목마, 아킬레스건)나 지명(이타카, 트로이), 인명(키르케, 칼립소, 키클롭스) 등이 풍부하게 남아 있다. 태양계의 행성들도 호메로스의 신들을 로마식으로 바꾼 이름이 붙어 있다.

전설이 되다

그렇다면 미노아는 어떻게 되었을까? 휘황찬란한 그리스 역사에서 미노아는 조촐한 단역으로 밀려나 버렸다. 그리스 신화에서 미노아 문화는 청동 거인 탈로스의 보호를 받는 하나의 섬으로 축소되었다.

이 섬은 미노스 왕이 통치했다. 미노아라는 이름은 바로 그의 이름에서 비롯되었다. 미노스의 궁전에는 복잡한 미궁이 있었는데, 이곳에 황소 머리가 달린 괴물 미노타우로스에게 제물로 바칠 그리스의 젊은이들을 가두었다.

마침내 그리스의 영웅 테세우스가 그 괴물을 물리친다. 그리고 미노스 왕은 미궁의 설계자인 다이달로스와 그의 아들 이카로스 역시 감옥에 가두었다. 그들은 깃털을 밀랍으로 이어 붙여 만든 날개를 이용해 감옥에서 빠져나가지만, 성급한 이카로스가 아버지의 경고를 어기고 태양에 너무 가깝게 날아오른 바람에 밀랍이 녹아서 바닷물에 떨어져 죽게 된다.

고전 그리스 문학 속에서 미노아 문화는 청동 거인 탈로스의 보호를 받는 하나의 섬으로 축소되었다.

미노아의 재앙은 그 밖에도 또 다른 그리스 문학에 영감을 주었을지도 모른다. 기원전 347년, 그리스 철학자 플라톤은 이집트에서 오래전부터 전해 오던 아틀란티스라는 이상 세계에 대한 이야기를 다시 엮어 냈다. 이 대륙은 먼 옛날 하루 낮 하루 밤 만에 바닷물 속으로 사라졌다고 전해진다. 많은 탐험가들이 이 사라진 문명의 존재를 확인하기 위해 찾아 나섰다. 아틀란티스와 유사한 배경의 이야기들이 수도 없이 만들어졌으며 심지어 디즈니 만화 영화의 소재가 되기도 했다.

그러나 아틀란티스의 증거는 단 한 조각도 발견되지 않았다. 그런데 흥미롭게도 플라톤이 묘사한 사라진 대륙의 종교와 건축, 다양한 관습은 미노아 세계의 것과 흡사했다. 혹시 아틀란티스는 칼리스테 섬 혹은 크레타 섬을 가리키는 것은 아닐까?

　그럴 가능성은 얼마든지 있다.

젖은 축복,
마른 저주

악숨의 파멸은 예정돼 있었다. 바로 환경 파괴 때문이었다.
우기가 길어진 상태가 몇백 년에 걸쳐 지속되자 사람들은
점차 농업을 확대했고, 그 결과 나무를 베어 냈다. 이 같은
관행으로, 6세기에 이르러 악숨 땅에는 가장 가파른 산등성이와
가장 깊은 계곡을 제외하고는 숲이 모두 사라지게 되었다.

젖은 축복, 마른 저주

기후 변화가 어떻게 아프리카 제국을 멸망시키고
이슬람 문명의 시작을 불러왔는가

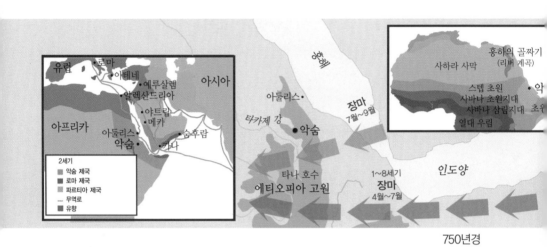

750년경

사라진 **강대국**

홍해 연안의 사막에서 에티오피아 고원으로 약 150km 정도 들
어가면 거대한 왕국의 잔해가 먼지를 뒤집어쓰고 있는 놀라운 광
경을 볼 수 있다. 침식되어 깊게 파인 자국이 군데군데 흉터처럼
남아 있는 언덕 위에는 조각난 석상, 약탈된 무덤, 텅 빈 마당과
거대한 저택의 기초 등이 놓여 있다.

이것이 바로 부와 권력의 무상함을 본보기처럼 보여 주는 악숨
왕국의 잔해이다. 이 왕국의 흥망성쇠는 기후와 큰 관계가 있다.
이것은 몇 초나 몇 분 혹은 몇 시간에 걸쳐서 일어난 것이 아니라

몇 세기에 걸쳐서 일어난 자연재해 이야기이다.

기원후 1세기부터 8세기까지 악숨은 아프리카의 사하라 사막 남쪽 지역에서 가장 중요한 문명이었다. 왕국의 전성기였던 4세기와 5세기에 악숨의 영토는 사하라 사막에서 아라비아 사막 안쪽, 로마 제국의 남쪽 경계 지역에 이르기까지 넓게 뻗어 있었다. 그 시대의 지중해 국가들 사이에서 악숨은 로마, 페르시아, 중국과 더불어 세계의 4대 강대국 중 하나로 여겨졌다. 이들 네 개 국가 가운데에서는 비록 영토가 작고 인구도 적었지만, 악숨은 전 세계에 원자재를 공급하는 중요한 국가였다. 아프리카 내륙 지방과 바깥 세계 사이에서 이루어진 무역의 대부분이 악숨의 통제를 받았다. 악숨 제국이 부강해질 수 있었던 데는 지정학적 위치와 기후라는 자연 조건에 큰 혜택을 입었다.

유리한 위치

에티오피아 고원은 무역으로 번창한 제국의 수도 위치로는 다소 기묘한 곳이다. 고원은 사하라 사막 남쪽으로 길게 뻗은 건조한 평원 사헬[1]의 끝에 있는 '아프리카의 뿔'에 자리 잡고 있다. 이 고원은 평균 해발 2,000m에 이르는 높이뿐만 아니라 계단처럼 층층이 가로막고 있는 가파르고 높은 절벽들로 인하여 주변 환경과 고립되어 있다. 고원에 오르기 위해서는 눈 덮인 높은 산들로 이루어진 산맥과 그레이트리프트밸리, 타카제 강 협곡, 청나일 강

---

1 아프리카 사하라 사막 남쪽 가장자리의 지역 이름. 옐

협곡, 아프리카에서 가장 낮은 곳 중 하나인 다나킬 평원 등 험난한 지형을 통과해야 한다.

그러나 악숨의 환경에는 이점도 있었다. 악숨은 적도 부근에 위치하고 있지만, 고원의 고도 덕분에 기후가 비교적 온화했다. 동쪽과 서쪽의 사막과 관목 지대의 메마르고 뜨거운 기후에 비해 악숨의 기후는 시원하고 비도 적당히 왔다. 적도 부근과 그 남쪽의 축축한 정글 지대에 창궐했던 열대병도 이곳에는 미치지 못했다. 뿐만 아니라 고원 지대의 식물들은 독특한 먹을거리들을 선사했다. 그런 식물에는 곡물의 일종인 테프[2], 기름을 짤 수 있는 누그[3], '가짜 바나나'로 불리는 엔세테[4], 그리고 그 이후 문명에 가장 중요한 영향을 미쳤던 커피가 있다.

악숨은 비록 지형적으로 다른 지역으로부터 격리되어 있었지만, 홍해와 충분히 가까워서 동로마 제국과 인도양 사이를 오가는 무역에서 상당한 이익을 얻을 수 있었다. 홍해에 인접한 항구, 아둘리스는 악숨 왕국이 국제 무역에 참여하는 관문이었다. 악숨에서 오늘날 에리트레아[5] 지역을 거쳐 이곳에 이르려면 상인들은 8일간의 대장정에 나서야 했다. 아둘리스를 통해 악숨은 상아, 코뿔소 뿔, 하마 가죽, 소금, 사람 노예, 사향고양이[6]의 사향, 살아 있는 코끼리, 흑단, 금가루, 유향 등을 비롯한 많은 물건을 수출했다.

유향은 특히 제국에 막대한 부를 가져다주는 원천이 되었다. 향이 나는 나무진의 일종인 유향은 지중해 지역에서 종교 의식에 사용되는 향이나 복통에서 암까지 각종 질병을 치료하는 만병통치약으로 어마어마한 양이 소비되었다. 그런데 유향이 나는 나무는 거의 전적으로 악숨의 영토 내에서만 자랐던 것이다. 해마다 수천

톤의 유향이 생산되었는데, 이것은 금만큼이나 귀했다.

풍작과 출생률 급상승

기원후 1세기부터 8세기까지 악숨에는 행운이 찾아왔다. 기후가 점점 더 서늘해지고 비가 더 많이 왔던 것이다. 보통 에티오피아 남쪽 지방에 내리던 몬순[7]이 몰고 온 비가 점점 북쪽으로 올라왔다. 고원 지대에 예전에 내리던 비에 더하여 몬순이 찾아오자 작물을 재배할 수 있는 기간이 일 년 중 석 달에서 여섯 달, 심지어 아홉 달로 늘어났다. 예전에는 한 가지 작물만 재배했던 악숨의 농부들은 이제 두 가지 작물을 재배할 수 있게 되었다.

식량이 풍부해지자 인구가 늘어났다. 500년경 악숨 왕국은 0.6km²의 면적에 약 2만 명의 인구가 살았다. 참고로 그 당시 로마는 13km²의 면적에 100만 명의 인구를 자랑했다. 악숨의 지배자들은 군대를 양성하고, 이웃 국가들을 침략해 영토를 넓히고, 정복민을 노예로 삼았다. 왕들은 뾰족뾰족한 보석으로 장식된 왕

---

2 조와 비슷하게 생긴 곡물로, 이 테프로 만든 빈대떡과 비슷한 음식인 '인젤라'는 에티오피아의 주식. 역

3 '니제르 열매'라고도 함.

4 엔세테속 식물은 뉴기니에서 아프리카 중앙부까지 분포하며, 먹지 못하지만 일부 종의 경우 줄기에서 녹말이나 섬유를 채취할 수 있다. 역

5 아프리카 북동부, 홍해에 접한 공화국. 역

6 사향고양이과의 포유 동물. 생식기와 항문 사이에 사향샘이 있어 고약한 냄새가 나고 분비물로는 향료를 만든다.

7 여름에는 대양에서 대륙쪽으로 겨울에는 대륙에서 대양쪽으로 부는, 약 반 년을 주기로 풍향이 바뀌는 계절풍. 역

관을 썼는데, 세대를 거듭할수록 이 왕관은 더욱 크고 화려해졌다. 악숨은 점점 늘어나는 지배 계층의 욕구에 맞춰 정교한 유리 및 자기 제품, 귀금속, 화려한 직물, 와인, 사탕수수, 향료 등의 사치품을 수입했다.

노동력이 늘어나자 악숨의 왕은 더 큰 궁전과 건축물을 지을 수 있게 되었다. 그들은 정복 활동을 기리기 위해 곳곳에 돌로 만든 기념비를 세웠다. 무덤을 표시하는 탑과 같은 기념비를 세우기도 했다. 이 기념비는 그들의 이상인 여러 층으로 된 목조 가옥을 상징하는 것이었다. 가장 큰 기념비는 높이가 30m가량 되었는데, 13층으로 된 집의 모습을 하고 있다. 실제 집은 아마도 3층 정도였을 것이다. 이 기념비의 무게는 700t으로, 인류 역사상 채석된 돌 중 가장 큰 것이다. 불행하게도 이 기념비는 넘어질 때 부서져서 오늘날 다섯 개의 거대한 덩어리로 따로따로 흩어져 있다.

무역을 촉진하고 제국의 힘을 과시하기 위해 악숨은 각각 금, 은, 청동으로 만든 화폐를 발행했다. 그것은 아프리카 최초의 화폐였다. 화폐들은 로마의 도량형을 기준으로 삼았지만, 표면에는 악숨 왕의 모습이 그려졌다. 화폐에 새겨진 문자는 그리스 문자와 악숨 왕국의 문자 체계인 게에즈 문자 -에티오피아의 현대 언어인 암하릭 어의 조상뻘이 되는 게에즈 어는 사하라 남쪽 아프리카에서 자생적으로 발달한 유일한 문자 체계이다. - 였다. 이 화폐는 지중해 지역 전체에서 유통되었으며 멀게는 인도에서도 발견되었다.

영원한 것은 없다

4세기경에 악숨은 전성기에 이르렀다. 그러나 새로운 힘 – 정치적인 것과 환경적인 것 – 이 제국의 권력 기반을 잠식하기 시작했다. 지중해 연안 국가들은 정치적으로 불안정한 시기에 돌입했고, 아프리카의 뿔 지역은 급격한 기후 변화의 새로운 장으로 접어들었다.

4세기 이전에 악숨 사람들은 이슬람교가 출현하기 전 남아라비아 사람들과 마찬가지로 여러 신을 숭배했다. 그런데 로마의 뒤를 따라 악숨도 기독교를 국교로 삼게 되었다. 이러한 전략적 결정은 악숨 왕국이 로마 제국 남부의 귀중한 동맹 국가로 인정받는 데 도움을 주었을 것이다. 그런데 5세기에 서로마 제국이 무너지고, 6세기 말과 7세기 초에 동로마 제국이 점점 가난해지자, 악숨의 상품을 구매하는 시장이 크게 줄어들었다. 게다가 사산조 페르시아가 남아라비아를 지배하게 되자 인도와의 교역도 끊기게 되었다.

마지막으로 7세기에 이슬람교가 탄생하고 그 결과 아라비아가 통일되자, 지중해 세력의 정치적 균형에 큰 지각 변동이 일어나게 되었다. 악숨은 처음에는 이슬람 국가들의 중요한 동맹국이었다. 그러나 8세기 초에 아랍 세력이 아둘리스를 파괴했다. 그리하여 결정적으로 악숨은 중요한 항구와 차단되고 말았다.

이러한 정치적 파국이 일어나지 않았다 하더라도, 악숨의 파멸은 예정되어 있었다. 바로 환경 파괴 때문이었다. 우기가 길어진 상태가 몇 백 년에 걸쳐 지속되자 사람들은 점차 농업을 확대하고 그 결과 나무를 베어 냈다. 그와 같은 관행으로 인해 6세기에 이르러 악숨 땅에는 가장 가파른 산등성이와 가장 깊은 계곡을 제외하고는 숲이 모두 사라지게 되었다. 오래도록 내리는 비에 토양의

악숨 사람들은 점점
더 많은 양의 목재와 숯,
그리고 농사 지을 땅을 얻기
위해 접근하기 가장 어려운
숲을 제외하고는 나무를
모두 베어 들어갔다.

영양 물질이 다 씻겨 가 버렸다. 또한 빗물은 표토[8]를 쓸어 내고 심한 침식 작용을 일으켰다. 그 결과 작물의 생산량이 줄어들고 사람들은 굶주림에 시달리게 되었다. 7세기에 이르자 악숨은 그저 몇 개 마을들의 집합체에 지나지 않게 되었다. 악숨의 지배 계층은 궁전을 떠나 방어에 유리한 언덕 꼭대기로 올라갔다.

약 750년경, 에티오피아 고원 지대의 강수 양상은 예전처럼 일 년에 석 달 정도 작물을 재배할 수 있는 상태로 되돌아갔다. 그렇지 않아도 침식되고 영양분이 씻겨 나간 토양에 강수량까지 줄자 농업 생산량은 곤두박질쳤다. 처음에는 너무 많이 내리는 비 때문에 그리고 나중에는 너무 적게 내리는 비 때문에, 한때 위세를 자랑하던 강대국이 무릎을 꿇게 되었다. 중앙 집권적 권력은 붕괴되었고 악숨은 버려졌다. 그리하여 19세기 고고학자들의 발굴 작업으로 재발견될 때까지 악숨은 외부 세계의 관심에서 사라지게 되었다.

악숨이 경험했던 기후 변동, 즉 건조한 기후에서 다습한 기후로, 그리고 다시 건조한 기후로 변화가 일어난 데에는 몇 가지 원인이 있다. 22,000년을 주기로 일어나는 지구 자전축의 기울기 변화는 지구를 냉각시켜 많은 양의 물이 극지방 빙하에 갇히게 된다. 아프리카에서는 이러한 변화가 사막과 사헬 지역을 더욱 건조하게 만들어 식물의 생장이 감소하고, 더 많은 햇빛이 우주 공간으로 반사된다. 그 결과 온도와 식물 생장, 바람, 비의 변화로 인해 단기적으로는 일부 지역에서부터 점차 좀 더 넓은 지역 또는 대륙 전체에 이르기까지 심한 가뭄에 시달릴 수 있다.

---

8 유기물이 풍부해 식물 성장에 필요한 양분과 수분을 공급하는 지표면을 이루는 토양. 역

엘니뇨 남방 진동[9] 역시 아프리카 대륙의 강수 양상에 영향을 준다. 엘니뇨란 태평양 동부 열대 지역의 물 표면이 주기적으로 따뜻해지는 현상을 일컫는 말이다. 그 다음에는 물의 표면 온도가 낮아지는 라니냐 현상이 뒤따른다. 마치 시소와 같이 오르내리는 이 온도 변화는 연쇄 반응을 일으켜 전 세계의 강수 패턴에 영향을 준다. 그 변화에 따라서 아프리카에서는 비가 내리는 기간이 더 길어지기도 하고 짧아지기도 한다.

영광의 나날들

아프리카에서 일어난 문명 가운데 진정한 의미로 세계 무대에서 유럽과 아시아의 대제국들과 어깨를 나란히 할 수 있었던 마지막 문명이 바로 악숨이었다. 악숨 제국의 붕괴는 향후 수 세기 동안 외부 세력에게 이용당하고 착취당하게 될 아프리카의 운명을 예고했다. 뒤바뀌는 세계 질서에 따라 새롭게 떠오르는 강한 세력들이 차례로 아프리카를 침략했다. 처음에는 아랍 세계가, 그 다음에는 유럽이, 그리고 그 뒤를 이어 아메리카 대륙이 아프리카의 자원을 약탈해 갔다. 그 자원 중에는 금, 보석, 목재, 동물, 기름, 그리고 부끄러운 일이지만 사람도 있었다. 수세기에 걸쳐서 적어

9 매년 크리스마스 즈음에 서쪽에서 흘러온 적도 반류가 중앙아메리카 해안에 부딪혀 남쪽으로 우회하기 때문에 적도대의 에콰도르 앞바다에 수온이 높고 염분이 적은 해수가 나타나는데, 이를 스페인 어로 '아기 예수'라는 의미의 엘니뇨라고 부른다. 한편 태평양 동쪽의 대기압이 상승하면 서쪽 대기압이 하강하고 동쪽이 하강하면 서쪽이 상승하는 시소와 같은 상관성을 남방 진동이라고 한다. 1950년대 이후 남미의 국지적 현상이라고 생각되었던 엘니뇨가 광범위한 기상 현상인 남방 진동의 일부임이 밝혀지게 되었다. 역

우기가 끝날 무렵, 침식되고 고갈된 약숙의 토양은
사람들이 충분히 먹을 만큼의 식량을 생산해 내지 못했다.
그런 상황에서 가뭄이 닥치자 기근과 인구의 급격한 감소가 뒤따랐다.

도 2000만 명의 아프리카 인이 노예로 팔려 갔다.

오늘날 악숨은 단지 그림자로 남아 있을 뿐이다. 그렇지만 그 그림자는 아주 짙게 드리워져 있다. 13세기에 에티오피아 중부에 새로운 계통의 기독교 왕들이 탄생했다. 이 새로운 에티오피아의 통치자들은 자신의 혈통에 정통성을 부여하기 위해서 악숨으로 이어지는 인상적인 족보를 만들어 냈다. 그들은 자신들의 가계를 거슬러 올라가면 신비에 싸여 있는 악숨 최초의 왕 메넬리크로 이어진다고 주장했다. 그리고 메넬리크는 바로 솔로몬 왕과 시바의 여왕 사이에서 태어난 아들이라고 했다. 뿐만 아니라 메넬리크가 성스러운 '계약의 궤'[10]를 예루살렘에서 악숨으로 가져왔다고 믿었다. 성서에는 그저 궤가 사라졌다고 나와 있을 뿐, 궤의 행방에 대해서는 언급되지 않았다.

에티오피아의 '솔로몬 왕조'는 1974년에 끝났다. 솔로몬에서부터 죽 이어져 온 111번째 황제인 하일레 셀라시가 군사 쿠데타로 권좌에서 물러났던 것이다. 그러나 오늘날까지도 에티오피아 사람들은 계약의 궤가 악숨의 성 마리아 시온 성당의 어딘가에서 발견될 것이라는 전설을 믿고 있다.

궤의 복제품인 타보트가 에티오피아 정교회 여러 곳에 보관되어 있다. 그러나 아마도 이것은 에티오피아 사람들이 끈질기게 붙잡고 있는 마지막 한 가닥 끈이라고 할 수 있을 것이다. 과거의 영광, 지구의 기후가 아프리카의 뿔에 환한 미소를 보냈던 그 시절로 이어지는 마지막 끈 말이다.

---

10 십계(十誡)를 새긴 2장의 석판을 넣어 놓았던 성스러운 상자. 역

쿠빌라이 칸을
물리친 가미카제

몇 시간 후 찾아온 폭풍우는 유난히 거셌다.
넓은 바다에서 항해할 수 있도록 건조된 몽골의 배들은
서로 부딪치거나 암초에 걸려 상당수가 침몰했다.
다음날 아침 일본인은 몽골군의 배들이 모조리
사라진 것을 보고 크게 놀랐다.

쿠빌라이 칸을 물리친 가미카제

두 개의 폭풍이 어떻게 '일본 정벌'이라는 몽골의 야망을 잠재웠는가

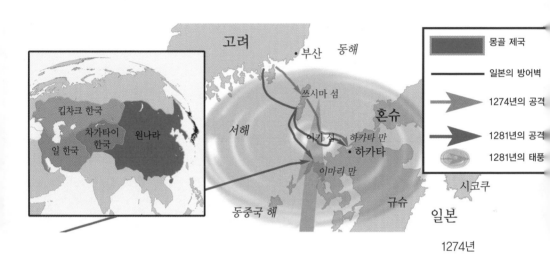

동방 정벌

1268년 원나라 황제가 일본 왕에게 사신을 보내 복종이냐 전쟁
이냐 둘 중 하나를 택하라고 강요했다. 일본으로서는 신중하게 결
정하지 않을 수 없었다. 일본은 당시 자부심이 강하고 독립적이
며, 한 번도 외침에 굴복해 본 일이 없는 섬나라였다. 그러나 원나
라 황제는 다름 아닌 몽골 제국의 지도자 쿠빌라이 칸이었다. 당
시 몽골은 동쪽으로는 고려에서부터 서쪽으로는 폴란드 접경에
이르기까지 아시아의 4/5에 해당되는 지역을 정복했다. 고려의
주요 도시들은 거의 모두 몽골군에게 약탈당했고 중국 인구의 거

60

의 절반에 해당되는 약 4000만 명의 중국인이 몰살당했다. 몽골군이 휩쓸고 지나간 길가에는 죽은 사람들의 뼈가 산더미처럼 쌓였다. 만일 공물을 바치라는 요구에 응하지 않는다면 일본 역시 같은 운명을 피할 수 없을 터였다.

그러나 그와 같은 몽골군의 승리는 모두 육지에서 이룬 것이었다. 일본은 태평양의 작은 섬들로 이루어진 나라이다. 몽골군은 강했지만 해전의 경험은 없었다. 그래서 일본은 시간을 끌면서 요령 있게 요구를 거절할 수 있는 방안을 찾으려고 했다. 그러다가 결국 사신을 빈손으로 돌려보내고 최악의 사태를 맞게 되었다. 그렇지만 그때까지만 해도 전쟁의 결과가 군대가 아닌, 날씨에 의해 결정되리라고는 아무도 예측하지 못했다.

일본의 건방진 태도에 대한 대응으로 쿠빌라이 칸은 조정에 동방 정벌부를 설립했다. 당시 몽골의 지배 하에 있던 고려도 3만 5000명이 징발되어 900척의 배를 만들었다. 몽골의 기마병, 중국의 보병, 고려의 해군 지원 부대로 이루어진 4만 명의 정벌군이 결성되어 일본으로 향했다.

1274년 10월, 정벌군은 고려를 출발해 쓰시마 섬에 닿았다. 몽골군은 쓰시마 섬과 이키 섬을 차례로 점령하고 일본의 수비대를 몰살시켰다. 11월 19일, 몽골군은 일본 남부의 큰 섬인 규슈에 도착했다. 군대는 하카타 만에 상륙해 일본의 수비대와 맞닥뜨렸다.

몽골군은 일본군을 압도했다. 사무라이들은 장수들 간의 일대일 전투를 기대하고 있었다. 그런데 막상 그들이 마주한 것은 전혀 예상치 못했던 몽골 포병대의 공격이었다. 연기를 뿜는 화약탄, 불화살과 돌덩이를 쏟아 내는 투석기의 공격에 속수무책으로

일본의 사무라이들은 일대일 대결의 전투 방식을 사용했다. 각각의 전사들이 의식에 따라 도전의 말을 외치고 자신의 과거 전투 경력을 읊은 다음 싸움에 임했다. 그러나 이러한 의식은 몽골 기마병의 밀집 대형 공격에는 아무런 효과가 없었다. 투석기로 화약탄, 돌, 불화살, 독화살을 쏟아 내는 몽골의 포병 앞에서는 힘을 쓰지 못했던 것이다.

당할 수밖에 없었다. 그러고 나서 몽골의 기마병들이 밀집해서 돌격해 왔다. 어둑어둑해질 무렵 일본군은 내륙으로 수 km를 후퇴했고, 돌로 지은 오래된 하카타의 요새 안으로 퇴각해야 했다.

그런데 몽골군은 여세를 몰아 계속 진격하는 대신 배로 돌아갔다. 그 이유는 알 수 없다. 당시는 태풍이 부는 계절이었고, 날씨가 나빠지는 상황이었을지도 모른다. 그래서 불안하게 여긴 고려 장수들이 안전을 위해 배로 돌아갈 것을 종용했을지도 모른다.

비가 올까?

몇 시간 후 찾아온 태풍은 유난히 거셌다. 넓은 바다에서 항해할 수 있도록 건조된 몽골의 배들은 서로 부딪치거나 암초에 걸려

상당수가 침몰했다. 강풍이 지나가고 나자, 배 200척이 파괴되었고 병사 13,000명이 물에 빠져 죽었다. 남은 배들은 퇴각했다. 다음날 아침 일본인은 몽골군의 배들이 모조리 사라진 것을 보고 크게 놀랐다.

일본 사람들은 침입자를 물리친 이 폭풍을 '가미카제(神風)'라고 불렀다. 가미카제는 '신성한 바람'이라는 뜻이다. 그러나 사실 이 바람의 정체는 열대성 저기압일 뿐이다. 이 강한 바람은 적도의 북쪽과 남쪽으로 위도 5°에서 20°사이에 위치한 모든 바다에서 여름과 가을에 생겨난다. 그리고 이 바람은 남극 대륙을 제외한 모든 대륙에 영향을 미친다. 각 지역마다 이 바람을 부르는 이름이 따로 있다. 오스트레일리아 사람들은 이 바람을 '윌리윌리'라고 부른다. 남반구의 다른 지역과 인도양에서는 '사이클론'이라고 부른다. 카리브 해와 대서양, 북태평양 지역에서는 '허리케인'이 – 타이노족 인디언의 말로 '사악한 영혼'이라는 의미의 'huricán'에서 유래함. – 라고 부르고, 동아시아 지역에서는 '태풍'이라고 한다. 태풍은 한자로 '큰 바람'이라는 의미이다.

열대성 사이클론은 몇 가지 기후 요소들이 한데 모여서 발생하는 현상이다. 먼저 열대 지역의 바다가 한여름의 열기에 의해 데워진다. 그 결과 이 지역의 바다에서 발생하는 뇌우가 위로 올라가게 된다. 그에 따라 바다 위 상공의 대기압이 낮아지고 무역풍¹을 끌어들이게 된다. 다른 조건들이 맞아떨어지면 이 공기의 흐름은 더욱 빠르게 회전하면서 바다 표면의 에너지를 빨아들인다.

그런데 이 격동하는 공기의 흐름 한가운데는 대기 중 높은 곳에 있는 건조한 공기가 아래쪽으로 끌려 내려와 구름도 없이 조용한 상태를 이룬다. 이것이 바로 태풍의 눈이다. 태풍의 눈은 결국 점점 높이 쌓이면서 빙글빙글 돌아가는 적란운의 벽으로 둘러싸이게 된다.

폭풍우가 형성되면서 대기압은 계속해서 떨어지고, 그 결과 더 세게 주위 공기를 끌어들여 더 넓은 지역에 걸쳐 더욱 빠른 바람을 만들어 낸다. 이것은 물에서 공기로 이동되는 에너지에 의해 유지되는 자기 영속적인 과정이다. 이 폭풍우는 오직 더 차가운 바다나 육지를 만난 다음에야 흩어지게 된다.

열대성 사이클론은 엄청난 파괴력을 지니고 있다. 그 규모는 약 1,000km에 이르고 속도는 시속 300km에 달하기도 한다. 이 정도의 바람은 소나무의 솔잎을 나무껍질에 가서 박히게 만들고 인공 구조물을 모조리 부숴 버릴 수 있는 힘을 지니고 있다. 낮아진 대기압은 바다 표면을 엄청나게 높이 부풀어 오르게 할 수 있다. 이 물 언덕은 폭풍우의 진행 방향을 따라서 나아간다. 이 괴물 같은 물 덩어리는 바람에 밀려서 8m 높이의 파도로 변할 수 있다. 육지로 둘러싸인 만의 경우 그 높이는 더 높아질 수도 있다. 그리하여 해안에 이른 폭풍 해일[2]은 밀물 경계선을 훨씬 더 지나서 내륙 쪽으로 들어가기도 한다.

항복, 아니면……

1274년, 몽골군이 되돌아간 것이 계획된 것인지 아니면 폭풍우에 의한 불가피한 퇴각이었는지는 알 길이 없다. 그러나 1279년, 쿠빌라이 칸은 또다시 사신을 일본에 보냈다. 이번에는 일본 천황이 몽골의 수도에 직접 찾아와 몽골 측의 요구에 답할 것을 명하는 내용이었다. 일본인은 분개하여 몽골의 사신이 교토에 도착하자마자 그의 목을 베어 버렸다.

이 모욕적인 사건의 전말을 들은 칸은 정동행중서성[3](征東行中書省)을 설치했다. 그는 예전보다 더욱 큰 규모의 함대를 편성할 것을 명했다. 정확히 얼마나 큰 규모였는지는 알려지지 않았다. 그러나 고려에서 4만 명의 몽골인, 고려인, 북쪽 지방의 중국인으

---

1 남·북회귀선 가까이에서 적도 쪽으로 일 년 내내 일정한 방향으로 부는 바람. 지구의 자전으로 북반구에서는 북동풍, 남반구에서는 남동풍이 됨. 역
2 기압 강하에 따른 해면의 상승 작용이나 강풍에 의한 해수의 퇴적 작용으로 해면이 비정상적으로 상승하여 생긴 해일을 말한다. 역
3 고려 충렬왕 때, 중국 원나라가 개경에 설치하여 일본 정벌에 관한 일을 맡아보게 한 관아. 뒤에 정동행성으로 고쳤다.

로 구성된 부대를 싣고 출발하는 배가 적어도 900척 이상 되었고, 거기에 더해 남중국에서 10만 명의 중국인 병사들을 실어 나르는 배가 600척 정도 되었다.

준비가 완료되자 쿠빌라이 칸은 더 많은 사신들을 일본에 보냈다. 일본은 몽골의 사신들이 아예 교토 땅에 발을 들여놓지도 못하게 했다. 사신들은 모조리 해안에서 참수되었다. 1281년 봄, 북쪽의 몽골 선단이 규슈를 향해 출발했다.

일본이라고 그때까지 가만히 앉아서 사신들의 목만 자르고 있었던 것은 아니었다. 일본은 국가의 운명이 존폐의 기로에 놓이게 되었음을 알고 있었다. 외세의 침입을 막기 위해 일본인들은 하카타 주위에 높이 4.5m, 길이 40km의 성벽을 쌓았다. 또한 고려를 향하고 있는 주요 항구 대부분에 수비대를 배치했다.

군사 작전에 맞추어 도로를 정비했으며, 소규모 선단을 만들고 각 지역의 방어력도 재정비했다. 새로 병사까지 징발해 규슈의 병력은 10만 명에 이르렀다. 또한 사무라이들이 집단을 이루어 싸울 수 있도록 전술도 변경했다. 그 동안 절과 신도(神道)[4]의 승려들은 새로운 가미카제를 내려 주기를 간절히 기도했다.

몽골군의 북쪽 선단이 먼저 도착해서 쓰시마 섬과 이키 섬, 그리고 하카타 만의 시가 현을 공격했다. 6월이 되자 남쪽 함대가 하카타 서부와 남부의 다양한 지점에 상륙하기 시작했다. 이번에는 일본이 성공적으로 저항했다.

전투는 7월까지 계속되면서 양측 모두 엄청난 손실을 입었다. 몽골의 군대는 그때까지 고작 해안 교두보를 마련하는 데 그쳤다. 그동안 일본은 소규모 선단이 치고 빠지는 식의 공격을 감행해서 몽골의 선박을 약탈하거나 배에 불을 질렀다.

몽골의 몰락

1281년 8월 15일, 역사상 가장 큰 반복의 아이러니가 발생했다. 태풍이 불어온 것이다. 몽골군의 배들은 또다시 산산조각 났고 함대 전체가 파괴되었다. 나중에 전해진 이야기에 따르면, 당시 이마리 만에서는 사람들이 물에 둥둥 뜬 배의 파편을 징검다리 삼아 바다를 건너 반대편 땅에 닿을 수 있을 정도였다고 한다. 몽골 연합군의 병사 10만 명이 물에 빠져 죽었다.

일본 정벌의 실패는 중국에서도 몽골의 몰락을 가져왔다. 그로부터 원 왕조가 완전히 붕괴되는 데까지는 거의 1세기가 걸리기는 했지만 말이다.

쿠발라이 칸은 일본에 대한 세 번째 침공을 계획했으나 철회했다. 인도차이나 반도와 인도네시아에 대한 정벌도 실패하고 말았다. 더 이상 무적의 정복자라는 별명이 어울리지 않게 된 쿠빌라이는 실패한 전쟁의 손실을 메우기 위해서 세금을 올리고 농민들의 노동력을 착취했다.

마침내 1294년, 쿠빌라이 칸이 죽었다. 그 후 9명의 황제가 즉위했지만 모두 단명했고, 마침내 농민 반란이 일어나 몽골인은 중국에서 쫓겨나게 되었다. 1368년, 중국에는 새로운 왕조가 탄생했으니 바로 명나라였다.

---

4 일본 민족 고유의 민족 신앙.

일본에서도 몽골의 침입은 수세기에 걸쳐 커다란 영향을 미쳤다. 전통적으로 사무라이들은 목숨을 걸고 용맹하게 싸우는 대신 그 대가로 전쟁에서 빼앗은 땅과 전리품을 받곤 했다. 그러나 이번 전쟁은 자신의 영토를 지키기 위한 전쟁이었기 때문에 아무런 전리품도 생기지 않았다. 이 때문에 전쟁에 나가 싸웠던 영주와, 자신들의 기도가 가미카제를 불러왔다고 믿었던 절과 신도의 승려들은 모두 큰 불만을 가질 수밖에 없었다. 그들의 불만을 잠재울 수 없었던 정부는 결국 붕괴하고 말았다.

그 이후 일본은 두 세기 동안 혼란과 격동의 세월을 겪었다. 그런데 재미있는 사실은 이와 같이 사회적으로 불안했던 시절에 일본의 정교하고 세련된 전통 문화가 생겼다는 것이다. 가면극 극장, 다도, 수묵화, 꽃꽂이, 일본식 정원 등이 그 당시 생겨난 전통이다.

죽음과 부활

가미카제의 전설은 점점 어떠한 나라나 세력도 일본을 꺾을 수 없다는 자신감으로 자라났고, 그와 같은 자신감은 수 세기 동안 지속되었다.

제2차 세계 대전에서 일본의 군사 독재 정권은 과거의 몽골에 대한 승리를 이용하기 위해서 새로운 종류의 가미카제를 창조했다. 이 새로운 가미카제는 다름 아닌 전투기를 몰고 연합군의 전함으로 뛰어드는 '자살 특공대'를 말한다. 이 치명적이고 성스러운 바람은 상대편에게 상당한 손실을 입히는 데는 성공했지만, 결

1281년의 태풍으로 몽골 연합군 병사 10만 명이 목숨을 잃었다.
"사람들이 물에 둥둥 뜬 배의 파편을 징검다리 삼아 바다를 건너
반대편 땅에 닿을 수 있을 정도였다."고 전해진다.

국 일본의 항복과 연합군의 점령을 막아 내지는 못했다.

패전 이후 일본은 새로운 국가로 재탄생했다. 더 이상 군사 대국의 모습이 아니라 민주적인 입헌 군주국이 되었다. 이제 일본을 지배하는 것은 성스러운 바람이 아닌 국민의 의지이다.

왕에게 쏟아진 우박

검은 월요일이 다가왔다. 1360년 4월 13일,
에드워드 왕의 군대가 샤르트르로 진격해 갈 때
갑자기 하늘이 어두워졌다.
곧이어 무서운 폭풍우가 몰아치고
하늘에서 우박이 쏟아졌다.

왕에게 쏟아진 우박

우박을 동반한 거센 폭풍이 어떻게 프랑스를 정복하려는
영국의 야심을 꽁꽁 얼려 버렸는가

범례:
- 프랑스 왕국
- 에드워드 3세의 영토
- 브레티니-칼레 조약으로 축소된 에드워드 3세의 영토
- 1360년의 우박을 동반한 폭우

지명: 영국, 영국 해협, 칼레, 블랑르르, 아쟁쿠르, 크래시, 룩셈부르크, 건지 섬, 저지 섬, 대서양, 샤르트르, ★파리, 랭스, 브레티니, 비스케이 만, 푸아티에, 사보이, 카스티야, 나바라, 아라곤, 아비뇽

1360년

영국 왕, **프랑스 왕관**을 노리다

영국 왕 에드워드 3세가 프랑스에게 왕관을 내놓으라고 요구
했을 때, 그는 그것이 100년간 지속된 전쟁의 시발점이 될 것이
라고는 생각하지 못했을 것이다. 만일 엄청난 우박 세례가 없었
더라면 그 사건은 훨씬 빨리, 전혀 다른 방식으로 마무리되었을
지도 모른다.

1066년, 노르만 족이 영국을 정벌한 이래 프랑스와 영국 왕조
는 서로 밀접한 친족 관계로 얽혀 있었다. 영국 왕실에서 사용한
언어는 다름 아닌 프랑스어였다. 또한 프랑스 땅의 일부가 에드워

드에게 상속되었기 때문에 영국은 이미 프랑스 본토 일부에 대한 통제력을 가지고 있었다.

1328년, 프랑스의 통치자 샤를 4세가 왕위를 물려받을 아들도 없이 죽자, 그의 사촌인 발루아의 필리프가 왕위를 계승했다. 그러자 영국의 에드워드 – 그의 어머니의 남자 형제 중 세 명이 프랑스 왕위에 올랐었다. – 가 프랑스 왕좌에 대한 자신의 권리를 주장했다.

프랑스 입장에서는 영국인이 프랑스 왕이 된다는 생각을 받아들일 수 없었다. 그래서 모계에 의한 왕위 계승은 불가능하다는 구실로 에드워드의 요구를 거절했다. 그러자 1337년, 에드워드는 자신을 프랑스 왕이라고 칭하는 발루아의 필리프에게 도전의 뜻이 담긴 편지를 보냈다. 그리고 1340년, 에드워드는 스스로 '영국과 프랑스의 왕' 자리에 올랐다.

프랑스를 통치하고자 하는 에드워드의 욕망은 단순히 개인적인 욕심 때문만은 아니었다. 14세기 영국과 프랑스는 경쟁 관계로 감정의 골이 깊게 패어 있었다. 프랑스는 유럽에서 가장 부유하고 인구가 많은 나라였다. 당시 영국 인구가 500만 명이었는데 프랑스 인구는 2000만 명에 달했다.

한편 영국은 더 강력한 중앙 집권적 정부를 가지고 있었고 전투 경험이 많고 노련한 군대를 보유하고 있었으며, 번성하는 경제와 인기 있는 국왕 – 에드워드 3세 – 을 자랑하였다. 만일 에드워드가 프랑스의 통치자가 된다면 그는 이미 마련한 기반에 더하여 대륙으로 진출할 거점을 확장할 수 있게 되고, 영국의 주요 무역 품목이었던 양모(羊毛)의 거래를 보호할 수 있을 터였다.

양가죽 속의 **와인**

그 당시 영국 경제는 삼각 무역에 의존하고 있었다. 영국의 양털은 영국 해협을 통해 프랑스 북쪽에 접한 플랑드르[1]로 실려 갔다. 플랑드르 사람들은 양털로 모직물을 만들었으며, 모직물은 영국이 통치하고 있었던 남부 프랑스의 포도 생산 지역에서 와인과 교환되었다. 와인은 해협을 통해 영국으로 실려가 영국의 상류층 사람들 사이에서 소비되었다. 그 당시 영국의 농민들은 맥주를 마셨다.

1337년부터 1453년까지 영국과 프랑스는 영국 해협과 플랑드르 지방 그리고 유럽 대륙에 있던 영국 속령을 놓고 싸웠는데, 이것이 바로 백년 전쟁이다.

프랑스가 플랑드르에 대한 지배권을 주장하자 에드워드가 반격에 나섰다. 1340년, 영국 해군은 프랑스 함대를 완전히 박살내 버리고 해협의 통제권을 손에 넣었다. 이제 에드워드 왕은 자신이 프랑스 땅에서 싸움을 벌이는 동안 프랑스 해군이 영국 본토를 침공할지도 모른다는 염려 없이 프랑스 공격에 전념할 수 있게 되었다.

1345년 무렵, 에드워드는 귀족 기사, 농민 병사, 상인들로 이루어진 군대를 조직했다. 에드워드의 군대는 프랑스를 침략하여, 그 후 15년 동안 프랑스의 지방들을 휩쓸고 다니며 마을을 약탈하고 황폐하게 만들었다.

영국군은 프랑스군을 잇따라 무너뜨렸다. 1346년, 영국은 크레시 전투에서 승리를 거두었다. 그리고 1356년에는 푸아티에서 큰 승리를 거두고 프랑스 왕을 사로잡았다. 당시 왕은 필리프가 아니라 필리프의 아들인 장 2세였다. 1359년 11월, 영국군은 랭스로 진격했다. 이곳은 전통적으로 프랑스 왕실이 대관식을 거행하던 곳이다. 유럽의 가장 뛰어난 전사인 에드워드 3세가 마침내 프랑스의 왕좌에 오르기 일보 직전이었다.

검은 월요일

그런데 갑자기 행운의 여신이 에드워드에게 등을 돌렸다. 그 당시 영국 병사들은 부분적으로 농사를 지어 생계를 유지하고 있었다. 그러나 수년 동안의 약탈에 황폐해진 땅은 영국 병사들이나 말을 먹이기에 충분한 식량을 생산해 내지 못했다. 겨울이 되자 혹독한 날씨가 계속되었다. 그리고 서서히 굶주림이 다가왔다.

뿐만 아니라 에드워드의 적들은 도시 주위에 새로 요새를 쌓고 그 안에서 나올 생각을 하지 않았다. 그와 같은 상황에서 포위 공격을 감행하는 것은 매우 힘든 일이었다. 랭스는 겨울 내내 영국군의 공격에 저항했다. 그 후 부활절에 파리를 함락시키려는 영국군의 대공격 역시 실패로 돌아가고 말았다.

이러한 상황에서 검은 월요일이 닥쳤다. 1360년 4월 13일, 에드워드 왕의 군대가 샤르트르로 진격해 갈 때 갑자기 하늘이 어두워졌다. 그리고 공기가 찰을 에듯 차가워졌다. 곧이어 하늘이 열리더니 무서운 폭풍우가 몰아치고 우박이 쏟아졌다. 비둘기 알만한 크기의 우박이 에드워드의 군대 위로 쏟아졌다. 텐트는 조각조각 찢어지고 짐을 실은 수레는 바람에 날아가 버렸다. 벼락이 떨

---

1 현재의 벨기에 서부, 네덜란드 남서부, 프랑스 북부를 포함하고 북해에 면한 중세 국가. 역

어져 갑옷을 입은 기사들이 전기에 감전되어 쓰러졌다. 순식간에 수백 명의 군인들과 천 마리 이상의 말이 죽었다.

폭풍우가 물러간 후 살아남은 에드워드 왕의 군대는 브레티니라는 작은 마을에서 가까스로 몸을 피했다. 그곳의 승려들이 생존자들을 받아들여 부상을 치료해 주었다. 그동안 에드워드 왕은 이 하늘에서 내려온 얼음의 재앙이 무엇을 의미하는지 곰곰이 생각했다.

무시무시한 **얼음**

우박은 얼음 덩어리이다. 뇌우를 일으키는 상승 기류에 의해 위로 올라간 과냉각 물방울들이 얼어붙으면서 점점 커져 우박이 만들어진다. 가끔 코끼리만 한 엄청나게 커다란 우박이 내린 사례가 보고되기도 하지만, 대부분의 우박은 싸라기눈이라고 하는 아주 작고 부드러운 입자에서부터 야구공만 한 크기 사이가 보통이다.

우박이 만들어지기 위해서는 어는점 이하의 온도와 핵이 필요하다. 핵은 그 둘레에 얼음이 계속 붙어서 커질 수 있는 물질을 말한다. 대개 공기 중의 먼지가 우박의 핵이 된다. 그러나 불행히도 살아 있는 생물이 우박의 핵으로 희생되는 경우도 있다. 폭풍에 휩쓸린 곤충이나 새들이 우박의 핵이 되는 것이다. 토네이도나 용오름에 빨려 올라간 개구리, 거북이, 물고기가 우박의 핵이 되는 경우도 있다.

한 번은 인간 우박 사례가 보고되기도 했다. 1930년 독일에서

세상의 종말을 알리듯 비둘기 알만 한 크기의 우박 폭우가
에드워드 왕의 군대 위로 쏟아졌다. 갑옷을 입은 기사들은
전기에 감전되고, 텐트는 조각조각 찢어지고,
짐을 실은 수레는 바람에 날아가 버렸다.
수백 명의 군인들과 천 마리 이상의 말이 죽었다.

다섯 명의 글라이더 조종사들이 낙하산을 타고 탈출하다가 폭풍에 휩쓸리고 말았다. 이 우박의 핵 — 사람, 동물, 먼지 — 들은 상승 기류와 하강 기류에 따라 올라갔다 내려갔다 하는 과정을 반복하면서 얼음으로 둘러싸이게 되었다. 그러다가 너무 무거워지자 그들은 지상으로 떨어졌다.

우박은 보통 짧은 시간 동안 좁은 지역에 쏟아진다. 그래서 대개는 약간의 피해를 주는 정도에 그칠 뿐, 사람의 목숨을 앗아갈 정도로 심각한 경우는 드물다. 그러나 이따금씩 엄청난 양의 우박이 떨어지는 경우도 있다. 예를 들어 1968년, 미국 일리노이 주에 내린 한 차례의 우박은 90분 동안 지속되면서 240만m³의 얼음을 쏟아 부었다.

에드워드의 군대가 만났던 우박의 위력이 얼마나 대단했는지를 말해 주는 사례가 있다. 우박 폭풍우가 지나간 뒤 가장 견고하게 무장한 기사 중 한 사람인 랭커스터 공작의 사슬 갑옷을 벗기자, 쇠로 된 사슬 고리들이 그의 살갗 깊숙이 파고 들어가 있었다. 우박은 그의 몸에 온통 피로 물든 깊은 자국을 남겨 놓았다. 보병들의 운명은 더 처참했다. 그들의 몸을 보호하기 위한 장비는 가죽 모자와 누빈 천으로 만든 옷이 전부였기 때문이다. 대부분의 보병은 그저 우박에 맞아 죽는 수밖에 없었다.

혹독한 계시

14세기는 미신이 넘치던 시대였다. 자연에서 일어나는 사건들은 모두 신의 뜻으로 해석되었다. 에드워드 왕은 이미 1348년에서

우박에 두들겨 맞은 랭커스터 공작의 갑옷을 벗기자, 피부 속으로 파고 들어간 사슬 갑옷 자국이 드러났다.

1351년 사이에 흑사병이라고 하는 선페스트를 경험한 터였다. 이
무서운 재앙과 그 여파는 유럽 인구의 1/3을 몰살시키면서 사람들
의 마음속에 세상의 종말 가능성을 생생하게 심어 주었다.

이 검은 월요일의 재앙 ― 하늘이 내린 철퇴를 맞은 사건 ― 은 에
드워드 왕에게 발걸음을 멈추고 생각에 잠기게 했다. '이것은 프랑
스 왕위를 내놓으라는 요구를 포기하라는 하늘의 계시일까? 아니
면 그냥 우연한 불운일까?'

에드워드 왕이 이 사건을 어느 쪽으로 해석했는지에 대해서는

아무런 기록이 남아 있지 않다. 또한 폭풍이 지나간 후 그가 취한 행동에 대한 역사학자들의 의견 역시 분분하다. 그러나 그 후에 에드워드 왕이 취한 행동은 시사하는 바가 크다.

수가 줄어든 에드워드 왕의 군대가 브레티니에 도착한 지 3주일 후, 왕은 휴전 협정을 맺는 데 동의했다. 그는 프랑스 국토의 1/3을 차지하고, 막대한 몸값을 받고 장 2세를 돌려주었다. 그리고 프랑스 왕위를 내놓으라는 요구를 철회했다.

그러나 곧 영국과 프랑스는 모두 합의를 철회하고 다시 전투를 시작하였다. 비록 백년 전쟁은 이제 막 시작된 셈이었지만, 이미 중요한 전환점을 지난 다음이었다.

검은 월요일의 우박 세례는 프랑스에서 에드워드의 연승 행진에 종지부를 찍었다.

그 후 20년 동안 프랑스는 무력과 뇌물을 사용해 에드워드가 얻었던 영토를 거의 되찾았다. 그 후에 에드워드의 후계자들이 승리를 거둔 적도 있었는데, 그중에서도 아쟁쿠르 전투에서 거둔 영국군의 승리가 가장 유명하다.

수십 년에 걸쳐 쏟아 부은 힘겨운 노력에도 불구하고 어느 누구도 프랑스 왕관을 가져오지 못했다.

영국 제국의 마지막 흔적

백년 전쟁은 기사를 바탕으로 한 봉건 제도와 중세의 사회 질서를 무너뜨리는 데 큰 역할을 했다. 우박 말고도 무서운 적들이 많이 버티고 있었다. 기사도, 영예, 일대일 전투와 같은 기사들의 전

프랑스를 지배하려던 에드워드의 야심은 산산이 부서졌다. 그와 살아남은 병사들은 배를 타고 영국으로 돌아갔다. 그러나 백년 전쟁은 그 후에도 수십 년 동안 계속되었다.

통적 전투 방식은 평민들이 휘두르는 큰 활과 화기와 같은 새로운 기술 앞에 상대가 되지 않았다.

말과 갑옷으로 무장한 기사들이 급조된 농민 병사들을 이끌고 출정하던 방식의 군대는 결국 직업 군인으로 이루어진 상비군으로 대체되었다. 그 후에 등장한 근대 국가들도 상비군 체제를 유지했다.

백년 전쟁이 끝난 후 영국은 해군의 힘을 키우는 데 집중했다. 그 결과 수 세기 후에는 전 대륙에 식민지를 거느린 대영 제국이 탄생하게 되었다. 그러나 영국은 프랑스 본토에 대한 야심을 포기하지 않았다. 1565년에 가서야 영국은 프랑스 땅에 갖고 있던 마지막 거점인 칼레에서 쫓겨나게 된다.

1801년, 프랑스 혁명으로 프랑스 왕조의 마지막 세습 군주의 목이 잘린 뒤에야 영국 왕실의 문장에서 프랑스 왕실을 상징하는 붓꽃을 없애 버렸다.

오늘날에도 영국은 영국 해협에 위치한 두 개의 작은 섬인 저지 섬과 건지 섬을 지배하고 있다. 이것은 중세 때 프랑스 땅을 지배했던 영국 제국의 마지막 흔적이라고 할 수 있다.

푸딩 가에서 시작된 사건

불이 나자 불길은 푸딩 가에서 피시 가 언덕을 따라
템스 가의 창고와 부두까지 번져 갔다. 불길은 건초, 목재,
석탄, 쇠기름, 브랜디, 기름, 마 등을 집어삼켰다. 이처럼
불에 잘 타는 물질들을 연료로 더욱 활활 타오르게 된
불길은 이미 사람 손으로는 막기 힘든 지경에 이르렀다.

런던의 대화재가 어떻게 도시 건축의 새로운 전략에 불을 지폈을까

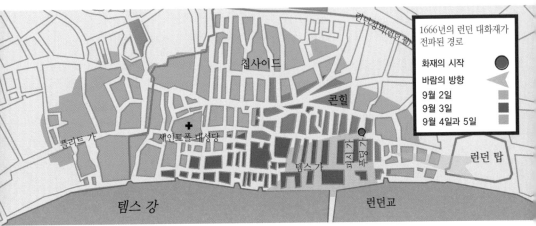

런던장벽(런던 월)

칩사이드

콘힐

1666년의 런던 대화재가
전파된 경로

화재의 시작 ●
바람의 방향 ◀
9월 2일
9월 3일
9월 4일과 5일

클리트 가

✚ 세인트폴 대성당

템스 가

푸딩 가

피시 가

런던 탑

템스 강

런던교

1666년

실수가 빚어낸 영광

오늘날 도시의 건물들이 대개 벽돌과 돌로 지어진 것은 토머스 패리노어의 공이라고 할 수 있다. 격자처럼 반듯반듯하게 구획이 이루어진 거리와 공공 소방서가 탄생한 것도 역시 토머스 패리노어 덕분이다. 화재 보험이 탄생한 것 역시 그의 공이 크다. 그런데 이 모든 것들이 토머스 패리노어의 아이디어에서 비롯된 것이 아니라 그의 실수에서 비롯되었다.

토머스 패리노어는 영국 왕 찰스 2세의 전속 제빵사였다. 1666년 9월 2일 밤, 푸딩 가에 있는 그의 작업실에서 누군가가 자러

가기 전에 타다 남은 불씨에 물을 끼얹는 것을 잊어버리고 말았다. 불 끄는 것을 잊은 사람은 패리노어 자신이었을 수도 있고, 그의 조수나 하녀 또는 다른 하인이었을 수도 있다. 누구의 실수이든 간에 여하튼 몇 시간 안에 제과점은 환하게 불타올랐다. 그리고 그 후 나흘 동안 런던 전체가 활활 타올라 잿더미가 되었다.

런던은 로마 시대에 건설된 이래 계속되는 화재에 시달려 왔다. 그러나 체계적인 화재 예방 시스템이 처음 마련된 것은 12세기에 이르러서였다. 정복왕 윌리엄이 야간 통행금지 명령을 내려 밤이 되면 모든 조리용 화덕과 조명용 불을 끄도록 했다. 그 이후 통치자들이 새로운 혁신 조처들을 잇따라 추가했다. 1583년 무렵, 양초 제조업자들은 양초를 만드는 재료이자 불이 잘 붙는 쇠기름을 집에서 녹이는 것이 금지되었다. 1647년에는 굴뚝을 나무로 만드는 것이 금지되었다.

그러나 패리노어가 살던 런던은 여전히 중세 도시였다. 길은 좁고 구불구불했으며 건물들은 서로 다닥다닥 붙어 있었고, 건축 재료의 절반은 목재였다. 나무로 틀을 짜고 회반죽을 채워 벽을 만드는 식이었다. 지붕은 짚과 마른 나뭇잎을 이어 얹고, 나무진이나 석탄에서 얻은 끈적끈적한 물질인 피치로 틈을 메워 새지 않게 했다. 빵을 굽는 오븐은 고리버들을 엮어 만들거나 벽돌을 쌓고 진흙을 발라 만들었다. 오븐을 여는 문이나 땔감에는 모두 나무가 쓰였다. 밤에 불을 밝히는 데에는 양초와 등불이 사용되었다.

상황이 이렇다 보니 화재 사고 위험이 항상 존재했고, 실제로 빈번하게 불이 나곤 했다. 패리노어의 불운은 하필이면 길고 긴 여름의 끝 무렵, 바람 부는 밤에 그가 화재를 일으켰다는 데 있었다. 도시 전체가 바싹 말라 있었기 때문이다. 가뭄으로 저수지도 바닥을 보이고 있었다. 어디선가 불똥이라도 하나 떨어지면 불길이 끝없이 타오를 만반의 태세가 갖추어져 있었던 것이다.

집쥐 숯불 구이

불이 나자 불길은 푸딩 가에서 피시 가 언덕을 따라 템스 가의 창고와 부두까지 번져 갔다. 불길은 건초, 목재, 석탄, 쇠기름, 브랜디, 기름, 마 등을 집어삼켰다. 이처럼 불에 잘 타는 물질들을 연료로 더욱 활활 타오르게 된 불길은 이미 사람 손으로는 막기 힘든 지경에 이르렀다.

당시 사용되던 화재 진압 방식은 불이 난 곳과 급수원 사이에 사람들이 일렬로 죽 늘어서서 물통을 손에서 손으로 전달해 불길에 물을 끼얹는 것이었다. 런던의 급수원은 템스 강이었다. 그런데 불길이 런던교의 수차마저 태워 버리자 그나마 물을 댈 길마저 사라져 버렸다. 이 수차는 강에서 거리로 많은 양의 물을 안정적으로 끌어올릴 수 있는 유일한 방법이었다.

동풍이 불길을 부채질해 불은 점점 도시의 중심부로 번져 나갔다. 콘힐의 부유한 지역이 위험에 처하게 되었다. 불길이 더 이상 번져 나가는 것을 막으려면 불길의 진로에 놓인 화려한 주택과 건물들을 모두 철거해서 불길의 연료를 제거하지 않으면 안 되었다. 그러나 우유부단한 당시의 시장 블러드워스는 그 시점에 필요한 방재 대책을 실행에 옮기는 데 주저했다.

시장이 망설이는 동안 불길은 계속 번져서 유명한 세인트폴 대

17세기 런던은 여전히 중세 도시였다.
건물들은 서로 다닥다닥 붙어 있었고 절반은 목재로 지어졌으며,
지붕은 피치를 발라 얹었기 때문에 불이 붙기 쉬웠다.
푸딩 가에서 일어난 불길은 동풍의 부채질을 받아 빠르게 퍼져 나갔다.

성당까지 덮쳤다. 뜨거운 열기에 성당 지붕 이음매의 납이 녹아서 줄줄 흘러내리고, 벽돌은 마치 수류탄처럼 폭발하기에 이르렀다. 도시를 탈출하는 피난민의 행렬이 줄을 이었다. 사람들은 무엇이든 들고 나올 수 있는 만큼 들고 나와서 템스 강이나 런던 교외의 시골로 몸을 피했다.

결국 찰스 왕이 직접 나서서 방화선[1]을 만들라고 명령했다. 그리하여 사람들은 막대기, 사다리, 도끼를 가지고 집들을 뜯어 부수거나 화약으로 날려 버렸다. 마침내 불이 난 지 나흘째 되는 날 바람이 잦아들고 불길이 잡혔다. 화재가 지나간 후 도시의 4/5에 해당되는 $4km^2$의 면적이 파괴되었다. 가옥 13,200채, 길드 홀[2] 44개소, 교회 84개가 사라져 버렸다.

런던에서 이 정도 규모의 파괴는 제2차 세계 대전 때 런던 대공습 이전까지는 다시 일어나지 않았다. 약 10만 명이 집 없는 신세가 되었음에도 불구하고 놀랍게도 공식 기록에 따르면 사망자 수는 고작 네 명에 불과하다.

그러나 이 재앙에는 좋은 면도 있었다. 대화재는 그 전해에 창궐해 6만 8000명의 목숨을 앗아간 선페스트의 기세를 꺾어 놓았다. 도시를 잿더미로 만들어 버린 불이 런던에 살던 엄청난 수의 쥐들 역시 깨끗이 태워 없애 버렸기 때문이다. 쥐벼룩이 이 병을 옮기는 주범이었던 것이다.

어처구니 없는 재판

불이 꺼진 지 채 며칠 지나지 않아 건축가인 크리스토퍼 렌이 이전의 도로를 기준으로 도시 전체를 재건축할 계획을 찰스 왕에게 제출했다. 렌의 설계는 여러 사람들이 몰려 사는 다닥다닥 붙은 주택과 구불구불한 길과 골목을 뚫고, 나무가 늘어선 넓은 길이 들어서도록 했다. 그러나 그의 계획은 받아들여지지 않았다.

렌은 런던의 교회들을 재건하는 사업의 감독관으로 임명되었다. 그래서 그 후 46년 동안 렌은 교회 51개를 설계했다. 그가 설계한 교회들은 각각 서로 모양이 다르지만, 모두 기둥과 둥근 지붕, 좌우 대칭을 이루는 선, 그리스 로마 건축 양식에서 볼 수 있는 아름다운 비율 등을 특색으로 하고 있다.

그의 작품 중 으뜸으로 꼽히는 것은 새로 재건된 세인트폴 대성당으로 오늘날까지 남아 있다. 이러한 건축물들은 런던의 외관에 근본적인 변화를 가져왔다. 런던은 더욱 웅장하고 당당한 도시로 재탄생했다. 렌은 그의 업적에 걸맞게 영국의 가장 뛰어난 건축가로 명성을 떨쳤다.

크리스토퍼 렌은 또한 대화재를 기리는 기념물을 설계했다. 길쭉한 기둥 모양의 이 기념비는 푸딩 가 근처에 세워졌다. 화재 재판에서는 화재 원인을 외국인의 음모로 돌렸는데, 이는 패리노어가 사람이 셋이나 배심원으로 포함돼 있었고, 정신이 불안정한 프랑스인 시계공 로베르 위베르가 자신이 불을 질렀다고 자백했기 때문이다.

---

1 불길이 번지는 것을 막기 위해 비워 놓는 공간. 역

2 1411년에 길드 통치의 중심 장소로 건설되어, 중세 상업 도시 런던의 주역이던 상인들의 동업 조합의 활동 장소 역할을 했다. 역

증거들이 아귀가 맞지 않았지만 로베르 위베르는 사형을 선고받고 교수형에 처해졌다. 그 후 1986년에 가서야 런던의 제빵사 조합인 '경건한 제빵사들의 모임'은 공식적으로 이 사건에 대해 사과했다.

화재 보험의 탄생

1667년의 재건법은 런던 최초의 포괄적 건축법이었다. 예배당과 같은 종교적 건축물을 제외한 모든 건물들의 높이를 규제했고, 단지 네 종류의 건물만 지을 수 있도록 허가했다. 네 가지 모두 벽돌이나 돌을 재료로 하는 건물이었다.

거리는 잠재적 방화선 역할을 할 수 있도록 넓어졌다. 초기의 소방차를 비롯해 새로운 소방 장비들이 발명되었다. 초기의 소방차는 나무로 만든 커다란 욕조와 같은 통으로, 여기에 운반용 손잡이와 펌프, 작은 호스 등이 달려 있었다. 이 욕조에 물을 공급하는 방법은 역시 사람들이 줄지어 서서 물이 든 양동이를 손에서 손으로 전달하는 식이었다.

대화재는 많은 런던 시민을 파산 지경으로 몰아넣었다. 그나마운 좋은 사람들은 저축이나 물려받은 재산을 가지고, 혹은 돈을 빌려서 집과 사업장을 다시 지었다. 그러나 대부분의 사람들은 채무자 감옥에 수감되는 신세를 면할 수 없었다. 채무자 감옥은 그 당시 돈을 갚지 못하거나 지불해야 할 돈을 지불하지 못하는 사람들이 가는 곳이었다.

한편 미래에 이와 같은 희생자가 생기지 않도록 재정적 재난을

회피하는 수단으로 화재 보험이 생겨났다. 화재로 인한 엄청난 재정적 손실에 미리 대비하고자 하는 사람들은 보험 회사에 해마다 보험료를 냈다. 그러면 보험 회사는 보험에 가입한 회원들이 내는 보험료로 기금을 마련해서 화재로 재산을 잃은 희생자에게 보험금을 지급했다.

보험 회사들은 불이 적게 날수록 보험금을 덜 지급하게 되고 그럼으로써 회사의 이윤이 높아진다는 사실을 깨달았다. 그래서 보험 회사들은 소방대를 조직했고, 보험에 든 건물들은 바깥에 금속으로 된 화재 보험 마크를 달아 특별히 표시를 해 두었다.

그런데 보험 회사들이 운영하는 민간 소방대는 경쟁 회사의 마크를 단 건물은 불이 나더라도 진화 작업에 나서지 않고 그냥 타

버리도록 내버려 두는 경향이 있었다. 결국 보험 회사들은 따로 운영하던 소방대를 하나로 묶어 런던 소방차 협회라는 조직을 결성하게 되었다.

펜의 **낙원**

크리스토퍼 렌의 런던 재정비 계획은 거부되었지만, 도시를 완전히 새로운 모습으로 재건하고자 했던 공동 제안자 리처드 뉴코트[3]의 계획은 필라델피아를 건설한 윌리엄 펜에게 영감을 주었는지도 모른다.

펜은 1665년의 흑사병과 1666년의 대화재의 시련을 겪고 살아남았다. 그는 '화재도 질병도 없는 도시', 그의 표현을 빌리자면 '깡그리 타 버릴 걱정 없고 언제나 건강한 도시'를 꿈꿨다.

그는 필라델피아를 폭이 30m인 도로들이 격자를 이루며 나 있는 도시로 설계했다. 이는 당시로서는 가장 넓은 도로였다. 펜이 설계한 도시의 중심은 80ac에 해당하는 지주들의 사유지로 둘러싸여 있었다. 이곳의 저택들은 250m 이상 서로 떨어지도록 배치되었고 저택 사이에는 정원이나 들판이 자리 잡았다. 도심을 둘러싸고 있는 고리와 같은 이 주택가 주위로 그린벨트가 위치했다. 필라델피아는 초기의 경계보다 훨씬 넓게 확장되었지만 도시 중심부에는 윌리엄 펜의 광대한 녹색 도시의 경계가 남아 있다.

---

3 크리스토퍼 렌과 더불어 런던 재건 계획을 제안한 사람으로 격자형 도시 설계안을 내놓았다. 역

그래도 나무는 탄다

오늘날 전 세계의 도시는 필라델피아식의 격자형 거리와 폭 넓은 도로, 석조 및 벽돌 건물이 들어섰으며, 화재 보험이 적용되고 있지만, 이렇게 자리를 잡기까지는 수년이나 수십 년, 지역에 따라서는 수 세기가 걸렸다. 그러한 혁신이 도입된 계기는 대개 끔찍한 화재였다.

19세기의 시카고는 17세기의 런던과 마찬가지로 전적으로 목재로 지어진 도시였다. 시카고는 급속히 성장하는 도시였는데, 당시만 해도 숲이 많아 목재가 풍부했다. 목재는 가장 값이 싼 건축 재료여서 엄청나게 많은 수의 건물들이 목재로 지어졌다. 시카고의 거리 720km 중 90km는 목재로 포장되었다.

런던의 경우와 마찬가지로 시카고 대화재 역시 긴 여름이 끝날 무렵 어느 날 밤에 일어났다. 그리고 런던 화재와 마찬가지로 강한 바람을 타고 널리 퍼져 나갔다. 또한 시카고도 소방 시설이 형편없이 부족했다. 이 시카고 대화재는 250명의 생명을 앗아 가고, 약 10만 명을 집 없는 신세로 만들어 버렸다.

가로 6km, 세로 2km의 지역 안에 있던 1만 8000개의 구조물이 모두 파괴되었다. 약 2억 달러의 재산 손실이 발생했는데, 이는 당시 도시 전체 가치의 2/3에 이르는 액수였다. 오늘날의 가치로 환산하면 약 27억 달러에 해당한다. 이 재산 중 절반 가량은 보험에 들어 있었지만, 재난의 규모가 워낙 커, 화재 보험 회사 중 상당수가 도산해 버리는 바람에 실제로 지급된 보험금은 절반 정도에 지나지 않았다.

영국인이 뜨거운 맛을 보며 교훈을 얻은 지 두 세기가 지나서,

시카고에서 일어난 화재는 새로 짓는 건물은 돌과 벽돌로 지어야 한다는 사실을 다시 한 번 상기시켜 주었다. 시카고는 거기서 더 나아가 금속 골조 건물까지 지었다. 1885년에 완공된 '홈 인슈어런스 빌딩'은 철골 구조로 지어졌다. 이 건물은 세계 최초의 고층 건물로 꼽히며, 세계에서 가장 높은 건물인 '시어즈 타워'를 세울 수 있는 기반을 닦았다.

불사조처럼 강력하게 재건된 시카고는 미국인의 '할 수 있다'는 정신력과 의지를 상징하는 전설이 되었다. 런던에 이어 시카고의 화재도 도시를 한층 더 성장하도록 촉진한 셈이다.

재와 눈 그리고 기아

숨바와 섬에서는 화산 폭발로 거의 모든 주민이 몰살당했다. 1만 2000명의 인구 중 고작 26명만 살아남았다. 사람과 동물 모두는 공중으로 떠올랐고, 나무들은 뿌리째 뽑혔다. 집들은 화산재의 무게로 폭삭 무너져 버렸다.

재와 눈 그리고 기아

아시아의 화산이 어떻게 아메리카 대륙의 농사를 망치고 문학사에서
가장 유명한 괴물을 탄생시켰는가

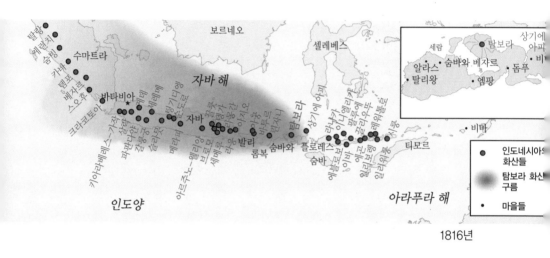

1816년

아무도 **몰랐다**

1815년 4월, 서양인 가운데 네덜란드령 동인도에 있는 숨바와
섬의 화산인 탐보라 산에 주의를 기울였던 사람은 거의 없었다.
네덜란드 사람들도 여기에 신경 쓸 처지가 못 되었다. 네덜란드는
당시 프랑스의 점령 하에 있었고, 아시아에 있던 네덜란드의 식민
지들은 대영 제국의 손아귀에 들어가 있었기 때문이다.

영국과 독일이 나폴레옹과 싸우고 있었고, 나폴레옹이 워털루에
서 패전하기 두 달 전이었다. 미국은 1812년에 시작되어 그 전해에
끝난 독립 전쟁의 폐허 위에 워싱턴 D.C.를 재건하고 있었다.

그런데 멀고 먼 탐보라에서 일어난 사건이 그 후 수개월 동안 이들 나라에 중요한 영향을 미치게 되었다. 탐보라 화산의 폭발은 북반구에 겨울과 같은 추위를 가져왔고, 그로 인해 현대 역사에서 가장 심각한 식량 위기가 발생했다.

외딴 곳에 위치한 작고 무더운 숨바와 섬은 네덜란드의 열대 제국 – 오늘날의 인도네시아 – 에서 작은 땅덩어리에 지나지 않았다. 두 명의 술탄이 이 섬을 지배했고, 주민들은 모두 이슬람교도였다. 숨바와 섬은 두 가지 수출품으로 유명했는데, 그것은 튼튼한 말과 배를 만들거나 값진 붉은 염료의 재료로 사용되는 '소목'이라는 나무였다.

탐보라 산은 섬의 북쪽 해안에 위치하고 있었고 수세기 동안 아무 일 없이 조용했다. 폭발이 일어나기 전 이 산의 높이는 약 4,000m였을 것으로 추정된다.

대폭발

1815년 4월 5일 저녁, 탐보라 화산은 몇 차례에 걸친 폭발적 진동과 함께 분화하기 시작했다. 화산에서 700m쯤 떨어진 자바 섬 중부에서도 마치 폭탄이 터지는 것 같은 소리가 들렸다고 한다.

4월 11일, 폭발이 다시 시작되었다. 이웃 섬인 술라웨시 섬의 집들마저 흔들리고, 미세한 재가 구름처럼 햇빛을 가리게 되었다. 대규모 분화가 4월 내내 계속되었고 7월이 되어서야 분화가 멎었다.

숨바와 섬에서는 화산 폭발로 거의 모든 주민들이 몰살당했다.

1만 2000명의 인구 중 고작 26명만 살아남았다. 사람이나 동물이나 모두 공중으로 떠올랐고, 나무들은 뿌리째 뽑혔다. 집들은 화산재의 무게로 폭삭 무너져 버렸다. 용암이 솟구쳐 흐르고, 뜨겁게 불타는 화산재와 암석 조각이 화산 쇄설류[1]를 이루어 화산 가스와 함께 분화구에서 뿜어져 나왔다. 그것들은 산을 타고 내려와 바다로 흘러가면서 그 길목에 놓인 모든 것을 깡그리 태워 버렸다. 섬 전체가 수 미터에 이르는 두껍고 무거운 화산재로 덮였다. 숨바와 섬의 6개 지역 가운데 두 곳이 깡그리 사라져 버렸다. 탐보라 산의 높이는 1/3로 줄어들었다.

세상의 **종말**

탐보라 화산이 분출한 물질의 양이 어느 정도였는지에 대해서 전문가들마다 다른 추정치를 내놓는다. 그러나 아마도 $100km^3$ 가량 되었을 것으로 보인다. 이는 역사 기록에 남아 있는 화산 폭발 중 가장 많은 양이다. 1980년, 세상을 떠들썩하게 했던 미국 워싱턴 주의 세인트헬렌스 화산 폭발의 경우에도 고작 $0.2km^3$밖에 분출되지 않았다.

화산재는 바다에 엄청난 양의 부유물을 만들었다. 폭발이 일어난 지 몇 년이 지난 후에도 근처를 지나가는 배들은 부유물을 만나곤 했다. 한편 육지에서는 화산에서의 거리에 따라, 자바 섬의 경우 적게는 수 센티미터에서 수십 센티미터, 이웃한 롬보크 섬

---

1 뜨거운 기체, 공기, 암석 조각으로 이루어져, 빠른 속도로 움직이는 화산 분출물.

탐보라 산은 역사상 기록된 것 중 최대 규모의 화산 폭발을 일으켰다.
화산의 분출물은 거대한 기둥을 이루며 성층권까지 솟아올라
지구 주위를 감싸며 대기의 온도를 떨어뜨렸다. 화산 폭발로
약 8만 2000명이 사망했다. 한편 세계 여러 지역의 많은 사람들이
화산 폭발로 인한 기상 이변으로 굶주림과 질병에 시달리게 되었다.

의 경우 많게는 수 센티미터 두께의 화산재가 농작물을 뒤덮었다. 이처럼 엄청난 양의 화산재가 쏟아지는 바람에 네덜란드령 동인도 전역은 수개월 동안 농사를 짓는 것이 거의 불가능했다. 식량이 부족해지자 사람들은 굶주림에 빠지게 되었다. 기근으로 허약해지고 공기 중의 화산 먼지 때문에 숨이 막히자, 사람들은 온갖 종류의 질병에 더욱 잘 걸리게 되었다. 이 지역에서 약 8만 2000명이 화산폭발의 여파로 죽은 것으로 추정된다.

하와이 어 **"아아"**

과학자들은 탐보라와 같은 화산은 판들의 활동 때문에 생겨난다고 믿는다. 지각을 형성하는 두께 약 50km의 거대하고 넓적한 암석 덩어리, 즉 판의 움직임 때문에 여러 가지 지질 현상이 일어난다는 이론을 판 구조론[2]이라고 한다. 이 판들은 지구의 맨틀을 이루는 뜨겁고 압력이 높은 마그마 – 액체 상태의 암석 – 위에 떠 있다. 판들이 서로 위아래로, 혹은 옆으로 스쳐 지나가면서 대륙이 움직이고 산이 솟아오르며, 지진이 일어나고 화산이 폭발한다.

화산은 대개 대륙의 가장자리나 여러 섬으로 이루어진 제도, 또는 해저 산맥 등에서 생긴다. 탐보라 화산은 태평양판 가장자리를 따라 빙 두르며 늘어서 있는 화도, 즉 불이 통하는 길인 환태평양 화산대에 위치하고 있다.

이들 지역에서는 맨틀 층의 마그마가 지각에 난 균열을 통해 지구 표면으로 나올 때 화산이 생긴다. 마그마는 조금씩 흘러나올 수도 있고 폭발적으로 분출할 수도 있다. 이때 녹아서 흐르는 용암의 속도는 시속 15~50km에 이른다. 용암은 얼마나 빨리 흘러가느냐와 얼마나 빨리 식는지에 따라서 굳어지는 형태가 크게 두 가지로 나뉘는데, 이들 용암에는 하와이 어 이름이 붙어 있다.

아아 용암은 표면이 거칠고 뾰족한 반면, 파회회 용암은 표면이 매끈하고 물결처럼 굽이치는 모양을 하고 있다.

탐보라는 성층 화산 – 혼합 화산이라고도 함 – 에 속한다. 성층 화산은 대개 크고 경사가 가파르고 좌우 대칭을 이루는 원뿔 모양을 하고 있다. 이러한 화산은 용암, 화산재, 분석[3], 암석 조각 등이 번갈아 가며 층을 이루어 쌓여 있다. 지구 상의 가장 아름다운 산 중 일부는 바로 이 성층 화산이다. 일본의 후지 산, 에콰도르의 코토팍시 산, 미국의 레이니어 산 등이 그 예이다.

역사적으로 가장 격렬한 화산 폭발은 대개 성층 화산에서 일어났다. 수십 년 혹은 수백 년에 걸쳐서 용암 마개 아래에서 축적되었던 압력이 한꺼번에 폭발하기 때문이다.

또 다른 종류의 화산은 순상 화산으로, 한꺼번에 폭발하는 것이 아니라 용암이 서서히 분출하면서 만들어진다. 하와이 섬의 마우나로아 산과 같은 순상 화산은 반복적으로 흘러내린 용암이 쌓여 완만한 경사를 이루고 있다. 그런데 내부 압력이 천천히 순상 화산을 갈라지게 해 궁극적으로 산을 쪼개 버릴 수도 있다. 과거에 하와이 섬에서 일어난 화산 활동으로 거대한 조각 – 큰 것은 뉴욕 만 한 것 – 이 바다로 떨어지는 바람에 100m 높이의 쓰나미가 발

---

2 지구의 지각을 이루는 판들의 역동적인 상호 작용을 설명하는 이론.
3 화산 쇄설물 가운데 지름이 4~32mm인 것. 역

북반구의 상당 지역에서 농사는 흉작을 맞았고, 호수는 얼어붙었다. 심지어 7월에도 눈이 내렸다.

생했던 적이 있으며, 그 쓰나미는 중국에까지 영향을 미쳤다.

여름이 없었던 해

　탐보라 화산 폭발은 인도네시아를 넘어 나머지 세계에도 큰 재앙을 가져왔다. 화산재 구름은 지구 전체를 뒤덮고 태양 광선의 30%를 다시 우주로 되돌려 보냈다. 그 결과 많은 곳에서 해질 무렵처럼 어두침침한 상태가 계속되었고, 1816년에는 연평균 기온이 몇 도나 떨어졌다.

　유럽과 북아메리카는 이와 같은 변화 때문에 가장 큰 고통을 겪은 것으로 보인다. 농사를 완전히 망쳤고, 호수가 일 년 내내 얼어붙었으며, 7월에도 눈이 내렸다. 1816년은 '여름이 없었던 해'로 불린다. 화산 폭발 때문에 기온이 떨어졌던 해에 그와 같은 이름이 붙었던 적은 많았지만, 1816년은 역사상 그 피해가 가장 심각한 해였다.

북아메리카 대륙에서 수렵 및 채집에 의존해 살아가던 원주민들은 굶어 죽어 갔다. 캐나다 북부의 유콘에서는 한 해 내내 겨울이 계속되었다는 기록이 남아 있다. 호수는 바닥까지 얼어붙고 사슴 새끼는 태어나자마자 땅바닥에 못 박힌 듯 붙어서 꼼짝도 하지 못했다. 그러다가 다른 동물에게 발견되면 그 자리에서 뜯어 먹혔다.

6월부터 온도가 내려가기 시작한 메인 주에서는 훗날 1816년을 '1800년대의 얼어 죽던 해'라고 불렀다. 그러나 사실상 얼어 죽은 것으로 기록된 사람의 수는 단 한 명뿐이었다. 여름 내내 눈이 반복해서 내렸고 작물을 모두 망쳤다. 건초는 부족했고 가축들은 죽어 갔다. 털을 새로 깎은 양들은 추위로 죽었다. 사람들은 야생 식물과 호저[4]를 잡아먹는 처지가 되고 말았다.

1만 5000명의 농부들이 다른 주로 이주해 가, 메인 주의 수많은 마을들은 유령 마을로 변했다. 뉴잉글랜드 지방의 다른 주에서도 역시 수천 명이 떠나갔다. 그러나 이러한 인구 이동은 중서부 지방에는 이익을 가져다주었다. 이주민들이 오하이오 강 서쪽 땅에 정착함으로써 1816년에 인디애나가 주로 승격하고, 1818년에는 일리노이 주가 탄생하는 데 기여했던 것이다.

메인 주보다 조금 더 남쪽에 있는 뉴욕 주나 펜실베이니아 주역시 상황은 좋지 않았다. 농사는 흉작을 맞았고 노래하던 새들이

---

4 북아프리카와 유럽 남부 등에 분포하는 포유동물로, 부드러운 털과 뻣뻣한 가시털이 빽빽이 나 있고, 위험이 닥치면 몸을 밤송이처럼 만든다.

얼어 죽어 나무에서 떨어졌다. 더 남쪽인 버지니아 주에서는 전 대통령인 토머스 제퍼슨이 그 해 옥수수 수확이 너무 나쁜 나머지 자신의 몬티첼로 농장의 운영 자금을 대기 위해 천 달러를 빌려야 할 지경이 되었다. 비록 몇몇 주 정부가 나서기는 했지만, 연방 전부는 이 문제들에 거의 손을 놓고 있었다.

괴물의 **계절**

유럽 역시 고통을 겪었다. 아일랜드에서는 5월과 9월 사이의 153일 중에서 142일 동안 비가 내리는 바람에 농사를 망쳤다. 프랑스에서는 식량 공급이 줄어들고 가격이 치솟자 여기저기에서 폭동이 일어났다. 호수가 사시사철 얼어붙고, 흉작을 거둔 스위스에서는 각 주들이 자신의 주에서 재배된 작물을 다른 주에 내다 팔기를 거부했다.

6월 초에 스위스에서 휴가를 보내고 있던 메리 셸리[5]는 계속되는 궂은 날씨 때문에 집에 틀어박혀 지낼 수밖에 없었다. 그 결과 탄생한 것이 바로 《프랑켄슈타인》이라는 소설이다. 메리 셸리의 친구인 바이런 경은 〈어둠〉이라는 시를 썼다. 또한 1816년의 어두침침한 분위기와 웅장한 일몰 광경은 어쩌면 영국의 낭만파 화가 터너의 〈안개〉와 같은 느낌의 그림을 탄생시켰는지도 모른다.

1816년은 질병의 해이기도 했다. 그해 발진티푸스가 유럽 전역을 덮쳤다. 그 결과 아일랜드에서 5만 명 이상이 사망했다. 그 해

---

5 영국의 작가. 오늘날 SF 소설의 선구가 된 《프랑켄슈타인》으로 유명하다.

프랑스에서는 식품 공급이 줄어들고
가격이 치솟자 폭동이 일어났고,
상점과 창고가 약탈당했다.

에 벵골에서 발생한 기근과 함께 처음으로 인도 바깥으로 퍼져 나
간 콜레라는 결국, 1830년대에 유럽과 아메리카 대륙으로까지 상
륙해 수십만 명의 목숨을 앗아갔다.

　콜레라는 오염된 물을 통해서 전파되고, 발진티푸스는 사람의
몸에 사는 이를 통해 전염되었다. 시골에서 기근을 피해 몰려든
피난민들로 북적대던 도시에서 이러한 질병은 쉽게 퍼져 나갔다.

　그 당시에는 기상 이변의 원인을 놓고 신의 뜻이라느니, 형벌이라느니, 태양의 흑점 때문이라느니 의견들이 분분했다. 밀라노에서는 한 학자가 추위의 원인이 벤저민 프랭클린의 새로운 발명품 때문이라는 의견을 내놓았는데, 그 발명품이라는 것은 당시 도시 전역의 건물에 새롭게 설치된 피뢰침이었다.

그런데 역설적이게도 1783년 아이슬란드에서 일어난 화산 폭발 사건 이후에 이상하게 추운 날씨가 뒤따랐다는 사실에 착안해 화산 폭발과 이상 저온 현상 간의 관계에 주목한 사람은 바로 프랭클린이었다.

그러나 탐보라 화산은 너무 멀리 떨어져 있었다. 그래서 여름이 없었던 해와 숨바와 섬의 재앙 사이의 관계를 알아차리게 된 것은 그로부터 상당한 세월이 지난 후였다. 1816년 당시에는 새로운 소식이 화산재보다 더 늦게 퍼져 나갔기 때문이다.

킹 블리자드

일요일 오후쯤, 롱아일랜드 근처에서 두 폭풍이 충돌했다.
각 폭풍은 상대방의 세력에 힘입어 거대한 블리자드가 되었다.
엄청난 양의 눈이 내렸고, 전기선과 전신선이 모두 끊어졌다.
길가의 표지판이 떨어지고 쓰레기 더미가 바람에 날려
치명적인 무기가 되어 날아다녔다. 교통은 완전히 마비되었다.

킹 블리자드

거대한 백색 허리케인이 어떻게 뉴욕 시의 지하철을 탄생시켰는가

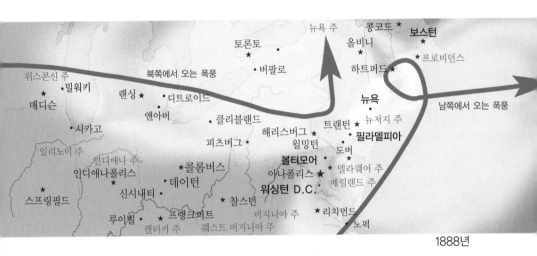

1888년

폭풍 중의 **폭풍**

1888년, 3일 동안 계속된 엄청난 폭풍설이 미국 동부 해안 지역을 완전히 마비시켰다. 그 당시 일간지들은 눈보라의 강력한 힘을 더욱 잘 묘사할 제목을 뽑기 위해 경쟁을 벌였다. 신문들은 그 눈보라를 '거대한 백색 허리케인', '킹 블리자드', '눈의 테러' 등으로 불렀다. 이 엄청난 사건은 오늘날 우리에게는 '1888년의 블리자드'로 기억되고 있다.

이 사건 이후 도시들의 모습은 완전히 달라지게 되었다. 이 블리자드는 날씨를 바라보는 사람들의 시각을 바꾸어 놓았다. 또한

비상사태에 대처하는 방식과 도시의 교통 체계에도 일대 혁신을 가져왔다.

교통 지옥

1888년, 미국은 강력한 산업 국가로 떠오르고 있었다. 뉴욕 시는 가장 중요한 대도시로서 미국의 금융과 문화의 중심이었으며, 산업화 세계의 경이 그 자체였다.

그 당시 뉴욕은 비록 경외감을 불러일으키는 도시이기는 했지만, 지금과 비교하면 소박한 모습을 하고 있었다. 최초의 고층 건물인 26층짜리 '월드 빌딩'은 1890년이 되어서야 문을 열었다. 뉴욕의 면적 또한 지금보다 훨씬 적었다. 오직 맨해튼 섬만 뉴욕에 속했고 브루클린, 브롱크스, 퀸즈, 스태튼아일랜드는 1898년이 되어서야 뉴욕 시에 편입되었다.

그러나 뉴욕은 당시 어느 곳보다 활력이 넘치고 일자리가 많으며 돈이 풍부한 곳이었다. 미국에서 가장 부유한 집안들은 이 도시에 현금을 풀어놓았다. 부자들은 뉴욕에서 가장 화려한 거리의 궁전 같은 집에 살면서 놀라움과 호화로움이 가득한 도시의 삶을 즐겼다.

반면, 점점 그 수가 늘어나는 가난한 이민자 계층이 부자들에게 노동력을 제공했다. 그들 가운데 그나마 운이 좋은 사람들만 난방이 되지 않고 해충이 들끓는 싸구려 셋방에 끼어 살았고, 그렇지 않은 사람들은 거리에서 먹고 잤다. 매일 수천 명의 새로운 이민자들이 일자리를 찾아 뉴욕으로 몰려들었다.

이 대도시의 교통 체계는 거의 곡예에 가까웠다. 그랜드센트럴 역에서 매일 수백 편의 기차가 출발하고 도착했다. 새로 완공된 브루클린 다리를 통해 사람들과 마차가 **빽빽**하게 밀려들었다. 허드슨 강과 이스트 강에는 나룻배가 5분 간격으로 운항했다. 이러한 교통망은 도시 안팎으로 노동자와 상품과 음식을 실어 날랐다.

도시 내부의 교통 사정은 혼란 그 자체였다. 증기나 전기를 동력으로 하는 고가 열차¹를 제외한 모든 교통수단이 도로 위를 지나다녔고, 말이 끄는 수레와 철도가 얽히고설켰다.

악취가 넘치는 도시

어쩌면 걷는 게 더 **빨랐**을 것이다. 그럴 용기만 있다면 말이다. 거리는 말똥으로 두껍게 덮여, 매일 치워야 하는 말똥이 50만kg이 넘었다. 또한 하루에 24만 *l*의 말 오줌이 강을 이루었다. 거리에 쓰레기와 배설물이 무단으로 버려지고, 쓰레기 수거가 원활하게 이루어지지 않는 상황에 대해 시민들의 불만은 커져만 갔다. 그래서 1881년에 '뉴욕 시 도로 위생부'가 설립되었다. 그러나 그 당시만 해도 쓰레기 무단 투기 관련 법규가 마련되지 못한 상황이었고, 따라서 거리 곳곳에는 쓰레기가 넘쳐났다.

질병도 만연했다. 비록 1803년부터 뉴욕 시는 보건국을 설치해 운영해 왔지만 별 소용이 없었다. 결핵, 폐렴, 설사 등이 많은 사람들을 죽음으로 몰아넣었다. 위생 상태가 나빠서 콜레라가 계속 재발하면서 수많은 사람들이 생명을 잃었다.

무법천지의 뉴욕

뉴욕의 통신 체계 역시 무법천지였다. 거리에는 전신선, 전화선, 전기선 등이 거미줄처럼 복잡하게 얽혀 있었다. 1886년, 지상에 설치된 전선들을 모두 땅속에 묻도록 하는 법률이 제정되었지만, 전선을 소유하고 운영하는 민간 회사들은 이 법규를 간단히 무시해 버렸다. 나무 전봇대는 높이가 1.5∼50m였고, 어떤 것은 200개에 이르는 선을 지탱하고 있었다.

이러한 문제들을 안고 있는 도시는 비단 뉴욕만이 아니었다. 다른 미국 도시들도 이와 비슷한 어려움을 겪고 있었다. 그러나 미국의 대도시 중에서도 가장 역동적이고 가장 인구가 밀집된 지역인 맨해튼에서는 모든 문제들이 특히 두드러질 수밖에 없었다.

〈사이언티픽 아메리칸〉지의 편집자인 앨프레드 엘리 비치가 교통 문제에 대한 해결책을 제안했다. 그는 1849년부터 도로의 교통지옥에 대한 대안으로 지하철을 개발해야 한다고 줄곧 주장했다. 심지어 그는 1970년 큰 인기를 모았던 시험적인 터널을 직접 건설하기도 했다.

그러나 태머니 홀[2]이 수년에 걸쳐서 지하철과 관련된 모든 법안을 무효화시켰다. 태머니 홀은 당시 시 정부를 쥐락펴락하던 정치 집단이었다. 그들은 시 예산을 훔치고, 유리한 기사를 싣도록 신문사에 뇌물을 주고, 운수 회사에서 뇌물을 받았다. 이렇게 교통 문제뿐만 아니라 쓰레기 문제, 질병 문제, 전선 문제 역시 많은

---

1 고가 도로에 설치된 철도를 달리는 열차. 옙

2 18세기 말에 사교 단체로 출발하여 1930년대까지 뉴욕 시의 민주당을 지배한 파벌 기구. 보스 정치와 독직(瀆職)의 대명사.

면에서 태머니 홀에 큰 책임이 있었다.

통신대의 **기상 예보**

1888년 3월 10일 토요일 저녁, 두 개의 거대한 폭풍이 이 복잡하고 엉망인 도시를 향해 다가왔다. 그 중 하나는 캐나다에서 생성된 아주 찬 공기를 잔뜩 싣고 와서 중서부 지방 전역에 많은 양의 눈을 뿌렸다. 또 하나는 남쪽에서 대서양 연안을 따라 위로 올라오는 폭풍으로 습도가 매우 높았다. 당시 기상 예보의 책임을 맡고 있던 연방 정부 기구인 미 육군 통신대는 이 두 폭풍의 존재를 모두 알고 있었다. 통신대는 전국에 흩어져 있는 관측소들을 통해 전국의 기상 상태를 관찰하고 있었다. 각지의 기온, 기압, 풍속, 풍향 등이 이미 워싱턴 D.C.로 전신을 통해 전달되었다. 그리고 이곳에서 데이터를 분석하여 일기를 내보냈다.

통신대는 두 폭풍 모두 동부 해안에 아무런 위험 요인이 되지 않을 것이라고 판단했다. 토요일 저녁 예보에서 통신대는 전주와 마찬가지로 온화한 봄 날씨가 계속될 것이라고 말했다. 맑고 선선하고 어쩌면 약간의 비를 뿌리는 정도의 날씨가 될 것이라고. 그리고 일요일은 휴일이라 통신대는 근무하지 않았다.

거대한 **블리자드**

일요일 오후 무렵 롱아일랜드 근처에서 두 폭풍이 충돌했다. 각 폭풍은 상대방의 세력에 힘입어 거대한 블리자드가 되었다. 풍속

1888년 3월, 버지니아 주에서 캐나다에 이르기까지 통신이 두절되었다.
보스턴, 필라델피아, 뉴욕, 워싱턴 D.C.는 미국의 다른 지역과
완전히 차단되었다.

폭풍은 이스트 강을 얼어붙게 만들었고, 강을 오가는 나룻배의 교통을 막아 버렸다. 사람들은 얼어붙은 강 표면을 걸어서 맨해튼에서 반대쪽 강둑으로 건너가기도 했다. 그러나 곧 얼음이 깨지면서 한발 늦게 발을 디딘 사람들은 바다로 휩쓸려 갔다.

이 시속 56km 이상이고 온도가 −7℃ 이하인 폭풍설을 '블리자드'라고 부른다. 이 폭풍은 근처의 대기 온도를 영하로 떨어뜨렸다. 또한 바람의 속도는 시속 120~135km로 측정되었고, 엄청난 양의 눈이 내렸다.

전기선과 전신선이 모두 끊어졌다. 길가의 표지판이 떨어지고 쓰레기 더미가 바람에 날려 치명적인 무기가 되어 날아다녔다. 교통은 완전히 마비되었다. 기차, 마차, 배, 나룻배 등이 글자 그대로 모두 눈 속에 파묻혔다. 보스턴, 필라델피아, 뉴욕, 워싱턴 D.C. 등의 도시는 외부와 완전히 고립되었다.

당시 미국 대통령이던 그로버 클리블랜드[3]는 수도 외곽에 있는 자택에 갇혀서 내각 각료들이나 의회 의원들과 연락이 두절된 상태였다. 버지니아 주에서 캐나다에 이르기까지 외부 세계와의 접촉이 단절되었다.

3월 14일, 폭풍은 마침내 자리를 옮겨 갔다. 둘 중 하나는 북상하여 그린란드 쪽으로 갔고, 다른 하나는 대서양을 건너갔다. 결국 유럽에 도달한 이 폭풍은 그곳에서 '미국 폭풍'이라고 불렸다. 집과 기차는 바람에 날려, 15m 두께로 쌓인 눈 더미에 묻혀 버렸다. 눈속에 파묻혀 얼어 죽거나, 바람에 날아온 파편에 맞아 죽거나, 강과 호수에 빠져 죽거나, 넘어지는 전선에 닿아 감전되어 죽은 사람들의 수가 최소한 400명 이상이었다. 그 외에도 수백 명이 바다에서 실종되었다. 바닷가의 부두와 방파제는 높이가 15~20m에 이르는 파도에 손상되었고, 200척의 배가 바다 밑으로 가라앉았다.

쓰레기 정치인을 쓸어버린 **눈보라**

폭설은 활력이 넘치던 미국의 주요 도시들을 완전히 마비시킴으로써 산업화 세계의 삶이 얼마나 아슬아슬하게 유지되고 있는지, 그리고 도시가 도로, 기차, 전신선에 얼마나 크게 의존하고 있는지를 보여 주었다. 폭설은 대중의 불만을 폭발시켜 특히 뉴욕 시에 개혁의 물결을 일으켰다.

1888년의 폭설이 있기 전에는 시의 긴급 구조 활동은 필요할 때마다 임시방편으로 이루어졌다. 눈을 치우는 일은 개인에게 맡

---

3 미국의 제 22대(1885~1889)와 24대(1893~1897)대통령. 연속되는 임기가 아닌 임기를 건너뛰어 대통령을 두 번 역임한 유일한 미국 대통령이다.

겨져 있었고, 폭설이 내린 이후 눈이 쌓인 뉴욕의 거리에는 넘어진 전봇대와 고압선이 서로 뒤얽힌 채 길에 방치되어 있었다.

대중의 분노를 배경으로 개혁적인 시장 에이브럼 휴이트는 통신 회사와 전력 회사들에게 전선을 땅에 묻도록 했다. 통행의 재개를 위해 1만 7000명의 임시 노동자들을 고용해 주요 도로와 철도 횡단로 의의 눈을 치우게 했다. 또한 휴이트는 오랫동안 지연되었던 지하철 관련 입법안을 통과시켰다.

이러한 움직임에도 불구하고 시민들은 뉴욕 시의 대처가 너무 느리다고 불만이 가득했다. 상점들은 너무 오랫동안 상품을 공급받지도, 판매하지도 못하는 상황에 놓여 있었다. 뉴욕 주 북부 지방의 농부들 역시 생산한 우유나 버터를 시장에 팔 수가 없었다. 이미 인기를 잃은 휴이트 시장은 11월 재선에서 떨어지고 말았으며, 다른 정치인들도 정신을 차리게 되었다.

1894년, 뉴욕의 모든 전선은 지하에 파묻혔다. 1904년에는 인터보러 래피드 트랜싯 사가 뉴욕 시의 각 구를 연결하는 총연장 35km의 뉴욕 지하철을 처음으로 개통했다. 빠르고, 날씨에 구애받지 않으며, 교통 체증의 염려가 없는 교통 수단은 곧 모든 계층의 시민들에게 사랑받게 되었다.

개통 첫날 약 15만 명의 뉴욕 시민들이 지하철을 이용했다. 그후 다른 회사들도 지하철 운영에 뛰어들어 새로운 노선들이 개통되었다. 오늘날 각 노선들을 모두 합치면 그 길이가 약 1,150km에 이른다.

킹 블리자드는 뉴욕 시민들에게 어떤 기상 상태에서도 운행할 수 있는 교통 수단의 필요성을 일깨워 주었다. 그 결과 1904년에 개통한 뉴욕 지하철은 즉각 성공을 거두었고, 개통 첫날에 15만 명의 시민이 지하철을 탔다.

개혁의 **폭풍**

다른 미국 동부 도시들도 뉴욕의 선례를 따랐다. 전선을 땅 밑에 파묻고 지하철을 건설했다. 그 밖에 다른 개혁 조처들도 잇따라 시행되었다. 오늘날에는 미국의 거의 모든 도시들이 시 차원에서 쓰레기 청소, 제설 작업 등을 관리하고 있다. 2001년 9월 11일, 테러리스트들이 뉴욕의 세계 무역 센터를 공격했을 때, 재빨리 발동했던 도시의 비상 계획은 1888년의 블리자드 사태로 인해 탄생한 것이다.

엉터리 기상 예보에 대한 육군의 책임 역시 묻지 않을 수 없었다. 1891년, 미 육군 통신대가 맡고 있던 일기 예보 업무는 농업부로 이관되었고, 명칭도 '미국 기상청'으로 바뀌었다. 새롭게 개혁된 이 기관은 일기 예보뿐만 아니라 장기적 기상 예보도 책임지고 있다. 그리고 오늘날에는 일주일에 7일, 하루 24시간 내내 기상 관측 업무를 담당한다. 이것은 미국인이 날씨의 작용을 이해하기 위해 내디딘 첫걸음이라고 할 수 있다.

메기가
꿈틀거릴 때

1923년 9월 1일, 토요일 오전 11시 23분에 최초의 지진이 발생했다.
땅이 솟아오르면서 마치 파도처럼 출렁거렸다.
길이 쩍쩍 갈라지고 언덕이 무너져 내렸다.
목조 가옥들은 쪼개지고 접히고 납작하게 주저앉았다.

메기가 꿈틀거릴 때

일본에서 일어난 지진이 어떻게 전세계의 건물을 뒤흔들고
세계 대전의 촉발에 한몫을 했는가

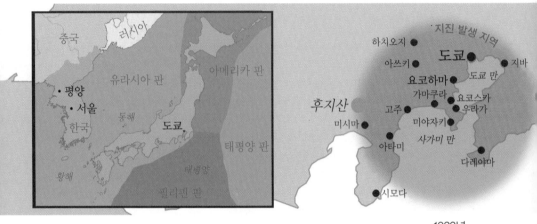

1923년

운명을 바꾼 **지진**

1923년, 일본의 관동 평야를 강타한 강력한 지진은 일본의 두
도시에 엄청난 타격을 입혔다. 일본의 수도인 도쿄와 가장 중요한
항구인 요코하마가 그 두 도시이다. 지진으로 인한 피해와 그 여
파는 아시아에서 근대화에 가장 앞서 번영하던 나라를 제국의 길
로 나아가게 했고, 그것은 전쟁과 결국에는 비참한 패배로 이어졌
다. 지진이 남긴 영향은 오늘날에도 일본의 건축과 토목 양식 그
리고 긴급 상황 대처 방식에 남아 있다.

남의 **불행**은 나의 **행복**

　제1차 세계 대전은 유럽에는 큰 불행이었지만 일본에는 좋은 기회였다. 1914년부터 1918년까지 일어난 유럽의 전쟁은 3400만 명의 사망자를 낳았고, 오스트리아–헝가리 제국 및 오스만 제국을 무너뜨렸으며, 독일 경제를 파산지경으로 몰아갔다. 뿐만 아니라 제2차 세계 대전과 오늘날까지 계속되는 발칸 반도와 팔레스타인 분쟁의 씨앗을 뿌렸다.

　그러나 일본은 아시아의 맹주로 자리를 굳히는 기회로 유럽의 전쟁을 이용했다. 일본은 이미 1905년에 러시아와의 전쟁에서 승리를 거둠으로써 세계를 놀라게 한 적이 있었다. 일본은 1912년에 조선을 강제로 합병했으며, 그 후 만주를 점령하고 중국과 태평양 지역의 독일 식민지들을 손아귀에 넣었다.

　그동안 일본의 수출 업체들은 전쟁에 정신을 잃은 유럽이 미처 신경 쓰지 못하던 시장인 인도와 동남아시아에 대거 진출했다. 일본은 또한 전쟁에 몰두하느라 필요한 상품을 생산하지 못하는 유럽 국가에 상품을 수출했다. 그리하여 제1차 세계 대전이 끝날 무렵 일본은 선박, 직물, 군수품의 주요 수출 국가가 되었다.

　그 결과 일본은 큰 규모의 상선단과 상당한 무기 생산 능력을 갖추게 되었다. 더욱 중요한 사실은 일본이 국제 무대에서 프랑스, 영국, 미국 등과 대등한 지위를 누리게 되었다는 점이다.

　1923년까지 일본은 수출이 계속 증가하고, 국민 소득도 늘었으며, 중산층이 성장했다.

지진에 취약한 도시

1853년에 미국의 해군 제독 매튜 페리는 무력으로 일본의 문호를 개방시켰다. 1923년에 일본은 봉건 왕국에서 근대 국가로 탈바꿈하기 시작한 지 고작 70년밖에 지나지 않았다.

그러나 도쿄와 요코하마는 최첨단 도시였다. 이 도시들은 효율적인 철도 시스템, 전기 조명, 콘크리트, 돌과 강철로 만든 고층 빌딩을 자랑했다. 프랭크 로이드 라이트[1]나 브루터 타우트 같은 외국의 건축가들이 이 도시들의 기념비적 빌딩들을 설계했다.

그러나 두 도시 모두 일본의 전통 가옥들이 많이 남아 있었다. 그것은 1층이나 2층짜리 목조 가옥으로 기와를 얹은 형태였다. 기둥과 들보가 뼈대를 이루었다. 벽도 나무로 만들었고, 나무 틀에 종이를 바른 미닫이문이 달려 있었다.

오후에 몰아닥친 **죽음의 재앙**

그러나 이 건물들은 관동 대지진이라는 혹독한 시련을 겪게 되었다.

1923년 9월 1일, 토요일 오전 11시 23분에 최초의 지진이 발생했다. 지진은 4분 가량 계속되었다. 땅이 솟아오르면서 마치 파도처럼 출렁거렸다. 길이 쩍쩍 갈라지고 언덕이 무너져 내렸다. 수도관이 터지고 전봇대가 뚝뚝 부러졌다. 화학 물질이나 연료가 저

---

1 자연에서 추출된 건축적 모티브를 사용하는 미국의 건축가로, 유명한 건축물로서는 미국의
   '구겐하임 미술관'이 있다.

지진이 일어나는 동안 땅은 마치 파도처럼 출렁거렸다. 요코하마의 일본인 거리인 모토마치에서는
전통 가옥의 목조 뼈대가 꺾이고, 기와 지붕이 팬케이크처럼 납작하게 주저앉았다.
외국인 거주지로 이어지는 백 개의 계단은 언덕과 함께 붕괴되었다.

장된 탱크가 터졌다. 목조 가옥들은 쪼개지고 접히고 납작하게 주저앉았다. 돌과 벽돌로 지은 건물들도 무너져 내렸다. 최초의 지진이 일어나고 나서 200여 회의 여진이 뒤따랐다. 일요일 11시 47분경, 또 한 번 큰 규모의 지진이 일어났고, 300여 회의 여진이 발생했다. 그 진동은 12m 높이의 지진해일과 산사태를 일으켰다.

최초의 지진이 잦아들기도 전에 일본은 런던과 시카고가 예전에 겪었던 무서운 교훈을 몸소 겪어야 했다. 점심을 지으려고 켜놓았던 화로들이 지진으로 넘어지면서 아수라장이 된 도쿄와 요코하마의 거리를 불태우기 시작했다. 요코하마에서만 동시에 88건의 화재가 발생했다.

새어 나온 연료와, 강한 바람을 등에 업은 불길은 순식간에 통제할 수 없는 대화재로 번졌다. 지진에 무너지지 않고 간신히 버티고 있던 목조 가옥은 이제 '불타는 관'으로 변했다. 남은 재산을 손에 닿는 대로 들고 도망가던 생존자들은 불에 타 죽거나 연기에 질식해 죽었다.

전체적으로 지진의 피해를 입은 사람의 수는 340만 명에 이르렀다. 그 중 14만 명이 사망했고, 69만 4000채의 가옥이 파괴되었다. 재산 피해 규모는 10억 달러를 넘었다.

흔들리는 판

대부분의 지진은 판의 움직임 때문에 일어난다. 지구의 지각은 거대한 판들이 퍼즐 조각처럼 서로 맞물려 있다. 이 판들이 움직일 때 판들의 경계에서 강한 충격파가 생겨나, 땅이든 물이든 나

지진이 일어난 직후 넘어진 화로에서 비롯된 불길이 폐허를 불태웠다. 지진에서 무너지지 않고
버티고 서 있던 목조 가옥들은 불타는 관으로 변했다.

무든 사람이든 그 충격파가 지나가는 경로에 놓인 모든 것이 흔들
리게 된다. 비록 모든 지진이 판의 움직임 때문에 발생하는 것은
아니지만 – 일부 지진은 판의 경계에서 멀리 떨어진 곳에서 일어
나기도 한다. – 일본에서 일어나는 지진의 경우, 판 구조 이론이
잘 맞아떨어진다. 일본은 3개의 판이 경계를 이루는 곳에 자리 잡
고 있기 때문이다.

　이 설명이 지진이 '지하의 진흙 속에 살고 있는 거대한 메기
가 움직일 때 생기는 것'이라는 일본의 옛날 이야기보다 훨씬 설
득력이 있다는 것은 두말할 필요도 없다.

　해마다 일본에서는 다양한 강도의 지진이 1,000건 정도 발생하
며 게다가 화산 폭발 – 이 역시 판들의 움직임이 주요 원인이다. –

도 주기적으로 일어난다.

관동 대지진의 진원지는 사가미 만이었다. 나중에 실시된 해저 탐사 결과 55~100m 높이의 새로운 산맥 몇 개가 생긴 것이 해저 화산대를 따라 발견되었다. 육지에서는 몇몇 지역이 최대 8m까지 위로 솟았다가 다시 가라앉았다.

지진의 규모는 지진계로 측정하는데, 132년 중국의 궁정 관리 장형이 최초의 지진계를 만들었다. 그리고 1880년대에 일본에서 지진을 연구하던 영국 과학자 존 밀른이 현대적인 지진계의 선구자격인 지진 측정계를 발명했다. 고대 중국에서 만들어진 지진계나 영국 과학자가 만든 지진계는 모두 지표면의 흔들림에 반응해 움직이는 진자를 이용했다.

지진의 규모를 측정하고 비교할 수 있는 몇 가지 방법이 개발되었다. 가장 흔히 사용되는 것이 리히터 척도이다. 이것은 1935년에 찰스 리히터가 고안한 방법으로, 지진계에 기록된 진동의 정도를 가지고 지진의 강도를 산출한다. 리히터 척도가 1 증가하면 지진의 강도는 10배가 더 크다.

예를 들어 리히터 규모 8도인 지진은 7도인 지진보다 10배 더 강력하고, 6도인 지진보다 100배 더 강하다. 관동 대지진의 강도는 7.9였다.

한편 2001년 인도 구자라트 지방에서 일어난 지진은 리히터 규모 8.3도였고, 1906년에 샌프란시스코에서 일어난 지진은 8.25도였다.

강철 강화 콘크리트 건물은
화재나 지진에 가장 잘 견딘다.
료고쿠 지역에 있는 이 고쿠기칸
(일본 스모 경기장) 건물은 지진을
견뎌냈을 뿐만 아니라
1983년까지 남아 있었다.

엉뚱한 **화풀이**

관동 대지진은 경제적, 사회적으로 파괴적인 결과를 가져왔다.
지진이 일어난 지 며칠 후, 조선인이 우물에 독을 타서 사회 혼란
을 시도했다는 거짓 소문이 돌았고 따라서 조선인에 대한 테러와
학살 사건이 일어났다.

계엄령 또한 선포되었다. 공장과 상점이 파괴되었으며, 관동 지
역의 실업률은 50% 가까이 치솟았다. 지진이 일어난 후 긴급 복
구를 위해 해외에서 도움의 손길이 잇따랐지만, 무너진 경제를 복

구하는 데 필요한 해외 투자는 턱없이 부족했다. 은행들은 파산했고, 회복 과정은 고통스러울 만큼 느렸다.

이러한 문제들은 1927년의 쇼와 금융 공황을 부채질했다. 이것은 1930년대의 세계 대공황보다 앞서 일어난 경제 불황이었다. 많은 일본인이 서구식 경제와 정치 체제에 대한 믿음을 잃어버렸다. 일본인은 자신의 전통 방식으로 눈길을 돌리고, 성공적인 군대 조직을 이용해 주도권을 잡으려고 시도했다.

그 결과 1940년, 일본은 민주 국가가 아니라, 외국인과 식민지에 적대적인 일당 독재 국가로 탈바꿈했다. 이 새로운 정권은 천왕과 군사력을 숭배하고, 아시아 전역에서 값싼 노동력과 원자재를 확보하기 위해 호전적인 팽창 정책을 추구했다.

이러한 정책은 식민지를 갖고 있던 영국, 네덜란드, 프랑스, 미국 등 이미 아시아에 자리 잡은 열강들과 충돌을 일으켜 제2차 세계 대전으로 이어지는 결과를 초래했다.

일본은 이 전쟁 초반에 승승장구했으나 결국에 패하고 말았다.

만반의 대비

관동 대지진은 현대적인 지진 공법의 시대를 열었다. 1929년, 일본에서 열린 세계 토목 공학회의 주요 논제는 지진에 견뎌 낼 수 있는 구조물을 짓는 방안이었다.

일본의 건축법은 강화 콘크리트 또는 강철재 건물의 경우 또다시 일어날지 모를 큰 지진에 잘 견뎌 낼 수 있도록 설계할 것을 요구하고 있다. 또한 목조 건물이나 벽돌 건물의 높이도 제한하고 있다. 기와 지붕의 설계에도 역시 한층 더 높은 안전 기준을 마련하였다.

이러한 개념들은 전 세계 도시에서 새로운 내진 건축물의 기준으로 사용되고 있다. 오늘날 고층 건물이 지진이 일어난 후에도 끄덕없이 서 있을 수 있는 것은 다 관동 대지진에서 얻은 값 비싼 교훈 덕분이다.

1923년 이후 일본은 지진에 대해 가장 민감한 나라가 되었다. 일본의 학생들은 해마다 관동 대지진 기념일인 9월 1일이 되면 지진 대피 훈련을 벌인다. 일본 사람들 중 일부는 다음과 같은 경구를 통해 이 사건과 사건이 일어난 연도를 기억한다.

"지신히토유래구니산잔(地震一搖れ國散夕)."

이것은 '지진이 한 번 나면 나라가 엉망이 된다.'라는 의미이다. 이때 '히토'는 1을, 나라를 뜻하는 '구니(國)'에서 구는 9를, '니'는 2를, '산'은 3이라는 뜻이 있다. 따라서 이 경구에는 1-9-2-3이라는 숫자가 담겨 있는데, 관동 대지진이 일어난 해인 1923년과 일치한다.

냄비 속의 개구리

우리의 상황은 마치 냄비 속의 개구리 우화와 흡사하다.
우리는 우리 손으로 우리가 사는 터전을 파괴시켜 왔다. 그러나
재앙이 기다리고 있는 미래를 피해 나갈 길이 전혀 없는 것은
아니다. 그 길은 바로 우리의 생활 방식을 바꾸는 것이다.

냄비 속의 개구리

오늘날 우리 삶의 방식이 어떻게 내일의 더 큰 재앙을 부르고 있는가

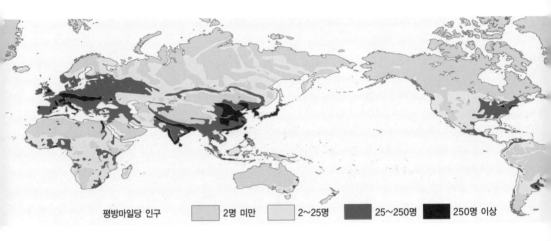

평방마일당 인구   2명 미만   2~25명   25~250명   250명 이상

숨을 곳이 없다

우리는 위험한 행성에서 살고 있다.

과거를 돌아본다면 우리의 미래에도 많은 자연재해가 일어날 것이라고 예상할 수 있다. 지진에서부터 홍수 그리고 혜성이나 유성의 충돌과 같은 사건은 얼마든지 다시 일어날 수 있다. 그 중 일부는 이 책에 나타난 사건들만큼 인류 역사에 큰 영향을 미칠 수 있다.

모든 측면을 고려해 볼 때, 미래에 닥쳐올 재난은 과거의 재난보다 훨씬 끔찍한 것이 될 가능성이 높다. 무엇보다 심각한 재앙

은 바로 인간의 활동이다. 1800년에는 지구에 10억 명이 살았다. 세계 인구는 계속 증가해 1930년에는 20억, 1960년에는 30억, 1975년에는 40억이 되었다. 그리고 지금은 60억을 넘어서고 있고, 매초 5명씩 새로 태어나고 있다. 만일 이와 같은 인구 증가 추세가 계속된다면 다음 세기에는 100억 명 혹은 150억 명의 사람들이 한정된 지표면 위에서 혼잡하게 살아갈 것이다. 인구 통계학자들은 그러고 나서 세계 인구는 그 수준에서 안정될 것이라고 보고 있다.

인류는 지구의 전체 육지 면적 중 83%를 차지하고 그 위에서 농사를 짓고, 광물을 캐내고, 물고기를 잡으며 살고 있다. 지구 표면 중에서 이렇게 많은 부분을 차지하고 있다는 이 사실이 자연재해의 충격을 더욱 증폭시킬 수 있다. 지구상에서 지진해일이나 화산 폭발 혹은 블리자드가 일어날 경우, 우리가 요행히 그 피해를 비켜 가기란 매우 어렵다. 지구 어느 곳이라도 사람이 살고 있기 때문이다.

중국의 경우를 생각해 보자. 수천 년의 역사 동안 많은 인구가 살아온 이 나라는 반복되는 지진과 홍수로 수많은 사람들이 죽어갔다. 그런데 점점 더 많은 나라들이 중국과 같이 인구 밀도가 높아지고 있다.

1811년과 1812년, 대규모 지진이 미시시피 강 계곡을 강타했을 때 그곳에는 매우 적은 수의 사람들이 살고 있었다. 그러나 오늘날에는 이곳에 수백만 명이 살고 있다. 그런데 이곳에서 2040년까지 대규모 지진이 또다시 발생할 가능성은 약 90%나 된다.

빨리 달려야 **산다!**

그리고 미국에서 가장 위험한 화산인 레이니어 산 주변에도 수백만 명이 살고 있다. 레이니어 산은 반복해서 엄청난 양의 화산 이류¹를 쏟아 냈으며, 인류 역사가 기록된 이후에도 수차례에 걸쳐 그러한 일이 일어났다.

가장 심각했던 경우는 500~600년 전에 일어난 오시올라의 화산 이류로, 퓨젓사운드의 260km²에 이르는 지역을 모두 뒤덮었다. 오늘날 여러 마을이 들어서 있는 계곡을 90m 두께로 덮어 버렸고, 심지어 오늘날의 시애틀 지역까지 흘러갔다.

산사태 방지벽을 비롯한 재해 방지 시스템을 잘 갖춘 일본과 달리 레이니어 산 기슭의 마을들은 단지 조기 경보와 대피에 의존하는 상황이다. 그들은 그저 우르릉거리는 소리가 나면 그때 도망갈 생각을 하는 것이다.

북아메리카의 동해안에는 그보다 수백만 명 이상이 살고 있다. 대서양 건너편에는 쿰브레비에하 산이 자리잡고 있는데, 이 산은 카나리아 제도에 있는 불안정한 화산이다. 만일 폭발이 일어나 깊게 갈라진 측면이 바다로 미끄러져 들어가게 되면 엄청난 규모의 쓰나미가 발생해 북아메리카의 동해안을 덮치게 될 것이다. 그 해일은 해안선에서 20km쯤 안쪽까지 밀려올 수도 있다. 물론 수백만 명이 물에 잠기게 될 것이다.

기울어진 **균형**

그러나 나쁜 상황은 그게 다가 아니다. 인구가 늘어나고 곳곳에 사람들이 살면서 자연재해가 미치는 충격이 더 커진 것은 사실이다. 그런데 설상가상으로 우리의 산업화 문명은 자연재해를 더욱 강하고 더욱 빈번하게 일어나도록 부추기고 있다. 인간 활동이 기온, 기후, 날씨, 그리고 심지어 지진의 빈도와 강도에까지 영향을 주고 있기 때문이다.

산업화 사회에서 사람들의 생활은 지구 전체의 인과 관계에 엄청난 파장을 일으키고 있다. 우리의 활동은 자원을 소모하고 오염을 퍼뜨린다. 인간은 자신도 모르게 지구를 전체적으로 변화시키고 있는 것이다.

지구의 기온은 점점 상승하고 있다. 대기 과학자들은 대부분 자동차나 공장이 대기 중으로 방출한 이산화탄소를 비롯한 온실 기체가 그 원인의 일부라는 데 동의하고 있다. 아무리 낮춰 보아도 온실 기체는 주기적으로 일어나는 지구의 온도 변화에 상당히 기여하는 요소이고, 어쩌면 온실 기체가 지구 온난화의 주범일지도 모른다.

우리는 또한 기후가 점점 불안정해지고 날씨가 극단적으로 변해 간다는 사실을 알 수 있다. 비가 내리는 양상이 변하고 있고, 가뭄과 홍수는 점점 더 심해지고 있다. 허리케인을 비롯한 폭풍들의 파괴력이 점점 더 세지고, 우리가 정상이라고 생각했던 기후 조건이 차츰 변화하고 있다.

오늘날 미국의 중서부 지방은 밀, 옥수수, 콩의 거대한 생산지이다. 그런데 지금부터 1세기 후에는 멕시코 북부 지방의 사막이

---

1 화산 분출물로 이루어진 이류. 여기서 이류란 산사태나 화산 폭발 때 산허리를 따라 격렬하게 이동하는 진흙의 흐름을 말한다.

캔자스 지방으로 옮겨 가고, 곡창 지대는 캐나다의 서스캐처원 주로 자리를 옮기게 될지도 모른다. 이러한 변화는 정치적으로도 상당한 영향을 미칠 것이다.

일부 과학자들은 북아메리카와 유럽의 공장과 발전소에서 방출되는 오염 물질이 지구 온난화 효과를 상쇄할 수도 있을 것이라고 주장한다. 배출된 물질이 공기를 에어로졸[2] 입자로 채우고, 이 입자들이 햇빛을 분산시키고 구름을 형성해 북반구의 온도를 낮추게 될 것이라는 설명이다.

그러나 북반구와 남반구 사이에 대략적으로 열이 균형을 이루어야 하기 때문에 북반구의 온도가 낮아지면 열 평형점이 남쪽으로 내려가게 된다. 그렇게 되면 가뭄이 자주 일어나는 아프리카의 사헬 지방의 비구름 역시 아래로 내려갈 것이다.

지난 30년 동안 이러한 현상은 역사상 가장 긴 가뭄과 엄청난 흉작과 기아를 초래해 수백만 명의 사망자를 낳았다. 미래에는 중국이 산업화로 인해 이와 동일한 에어로졸 효과가 몬순 현상을 약화시켜 인도의 경작에 영향을 줄 것으로 보인다.

가뭄이 극심해지면 산불이 더욱 크게 일어날 것이다. 런던, 시카고, 도쿄에서 일어났던 화재 사건을 상기해 보라. 이 화재들은 모두 덥고 메마른 여름 동안에 일어났다. 비록 이 화재들은 인간의 삶과 재산에 미친 영향이 커서 역사적인 사건으로 기록되고 있지만, 사실 중국, 미국, 인도네시아, 호주 등에서 일어난 큰 규모의 산불에 비교하면 아무것도 아니다. 이 산불들은 수백만 에이커의

---

2 대기 중에 떠 있는 고체 또는 액체의 미립자.

지구 온난화는 해수면의 높이를 끌어올려서
해안 저지대의 도시들을 물에 잠기게 할 수 있다.

숲을 파괴해 버리고 대륙 전체의 건강 상태에 영향을 준다.

해수면 상승의 공포

지구 온난화 효과 중에서 가장 빈번하게 이야기되어 온 것은 해수면 상승일 것이다. 해수면이 높아지는 이유는 지구의 온도가 높아짐에 따라서 북극과 남극의 얼음과 빙하가 녹고, 바닷물이 온도가 높아지면서 팽창하기 때문이다. 이미 북극해의 얼음 두께는 1958년에 비해 절반 정도로 줄어들었다. 남극 대륙의 얼음 역시 줄어들고 있다. 이미 제주도 두 개만 한 면적이 사라져 버렸다. 뿐만 아니라 남극 대륙의 일부 지역에서는 식물이 자라고 있다. 예전에는 꽁꽁 얼어붙었던 곳이었는데 말이다.

현재 해수면의 높이는 10년마다 약 2.5cm씩 높아지고 있다. 극지방의 얼음이 심각할 정도로 녹으면 해수면은 10m 혹은 그 이상으로 높아질 수 있다. 그렇게 되면, 뉴올리언스나 방콕과 같은 저지대 해안 도시들은 물에 잠겨 버릴 것이다. 플로리다 주 남부나 몰디브 같은 섬나라는 물 속으로 사라져 버릴 것이다. 농지는 소금기 있는 늪지대로 변하고, 농업 용수와 식수로 사용하는 대수층[3] 역시 소금기를 띠게 될 것이다.

사람들이 식수, 농업용수, 공업용수를 얻기 위해, 또 수력 발전을 위해 커다란 댐을 건설하는 데 열을 올리다 보면 지진의 빈도가 더 높아질 수 있다. 댐은 어마어마한 양의 물을 가두어 둔다. 지진활동이 활발한 지역에서는 이러한 물의 무게와 단층으로 새어 들어가는 물이 지반을 움직이게 만들어 지진을 일으킬 수 있다. 이를

'유발 지진'이라고 한다. 극단적인 경우에는 댐이 무너져 지진 피해를 입은 곳에 설상가상으로 엄청난 홍수가 덮칠 수도 있다.

인도의 거대한 사르다르 사로바르 댐은 지진 지대에 위치하고 있다. 완공되면 세계 최대 규모가 될 중국의 싼샤댐도 마찬가지이다. 이 댐에 물이 가두어지면 넓은 지역이 수몰되어 수백만 명의 사람과 동물들이 삶의 터전을 떠나야 한다.

사라져 가는 생물들

지구 구석구석까지 파고든 인간의 발길과 손길은 다른 종의 수를 크게 줄어들게 만들었다. 일부 과학자들은 이러한 현상을 여섯 번째 대멸종이라고 부른다. 멸종은 물론 자연 선택의 일부이다. 지금까지 지구상에 살았던 종 가운데 90%가 영원히 사라져 버렸다. 그러나 인구가 늘어나면서 다른 동식물 종의 멸종 속도는 더욱더 빨라질 것으로 보인다.

어떤 생물학자는 하루에 약 100종의 동식물이 사라지고 있다고 말한다. 21세기 말에 이르면 지구상에서 사람이 살 수 있는 땅은 모조리 도시 아니면 경작지로 바뀌어 있을 것이다. 인구 증가가 정점에 이를 무렵이면 현재 우리 주위에 있는 동식물 종의 절반이 사라지게 될 것이라는 전망도 있다. 몸집이 큰 야생 동물은 동물원이나 보호 구역 이외의 곳에서는 완전히 씨가 말라 버릴 것이다. 그때가 되면 오직 거친 환경에서도 번성할 수 있는 잡초 같은

---

3 지하수가 있는 지층으로, 물이 포화 상태에 있으므로 상당한 양의 물을 산출할 수 있다.

종만이 살아남게 될 것이다. 까마귀, 찌르레기, 쥐, 코요테, 바퀴벌레 등이 그러한 종들이다. 그렇게 되면 인간만 득시글거리는 아주 빈약하고 단조로운 세계가 될 것이다.

우리의 상황은 냄비 속의 개구리 우화와 흡사하다. 개구리를 끓는 물에 집어넣으면 깜짝 놀라서 살아남기 위해 죽을 힘을 다해 튀어나간다. 그러나 찬물이 담긴 냄비에 개구리를 넣은 후 천천히 가열할 경우 개구리는 온도 변화를 알아채지 못하고 결국 삶겨 죽는다. 우리는 우리 손으로 우리가 사는 터전을 파괴시켜 왔다. 그러나 그 과정이 아주 천천히 진행되기 때문에 우리는 경각심을 느끼지 못하고 뭔가 행동을 취하지 못하고 있다.

그래도 **희망**은 있다

이처럼 재앙이 기다리고 있는 미래를 피해 나갈 길이 전혀 없는 것은 아니다. 그 길은 바로 우리의 생활 방식을 바꾸는 것이다. 무엇보다 중요한 것은 아이를 적게 낳음으로써 인구를 줄이는 것이다. 인구가 줄어들면 좀 더 많은 사람들이 지구에서 위험하고 재해가 잦은 지역에서 벗어나 살아갈 수 있게 될 것이고, 땅을 덜 집약적으로 사용하면서 다른 종들에게 야생의 터전을 좀 더 남겨 줄 수 있을 것이다.

또 우리는 덜 쓰며 사는 법을 배워야 할 필요가 있다. 특히 온실 효과를 가속화시키는 화석 연료를 덜 쓰며 사는 법을! 또한 도시가 지나치게 주위로 뻗어 나가지 않도록 다시 설계하고, 대중교통이나 자전거 이용을 권장할 필요가 있다. 태양, 바람, 조수의

하루에 약 백 종의 동식물이 사라져 가고 있다.

에너지처럼 깨끗하고 재생 가능한 자원을 이용해 도시에 동력을
공급할 수도 있고, 나아가 집과 건물의 옥상에 정원과 숲을 가꿀
수도 있다.

　개인 차원에서도 할 수 있는 방법들이 많이 있다. 내연 기관 대
신 더 효율적이고 환경을 덜 오염시키는 하이브리드 자동차를 이
용하는 것도 한 방법이다. 물론 수증기 말고는 전혀 배기 가스를
배출하지 않는 수소 연료 전지 자동차를 이용한다면 더 낫다. 그것
보다는 그냥 걸어 다니거나 자전거를 타는 것이 제일 좋은 일이다.

　전기를 많이 소비하는 백열등 대신 작고 효율적인 형광등을 사
용하는 것도 좋은 방법이다. 형광등은 백열등의 1/4 전력으로 같
은 밝기의 빛을 내고 수명도 거의 10년에 이른다. 더 좋은 방법은
한층 더 저렴한 발광 다이오드[4]로 옮겨 가는 것이다. 이 작은 빛의

저장소는 아주 적은 양의 전기로 기존의 전구와 같은 정도의 조명 효과를 낼 수 있다. 이러한 기술은 태양열 주택에서 오래전부터 사용되어 왔다.

그리고 우리는 소비자로서 기업에게 상품의 포장과 광고를 줄이도록 압력을 가할 수 있다. 그렇게 함으로써 에너지와 원재료를 절감하고, 쓰레기의 양도 줄일 수 있다. 또한 우리가 사는 지역에서 생산한 상품을 우선적으로 사는 것도 좋은 방법이다. 그렇게 함으로써 멀리 떨어진 곳에서 값싼 노동력을 착취하는 것을 막을 수 있다.

패스트푸드를 멀리하는 것도 좋은 실천 방안이다. 패스트푸드는 산더미 같은 쓰레기를 만들어 내고, 쇠고기를 생산하기 위해서 지구의 귀중한 열대 우림을 파괴한다. 또한 화학 비료 대신 퇴비를 사용하고 재활용을 실천하는 것도 지구를 살리는 길이다.

일부 정치인들과 기업가들은 이러한 목표를 도외시하고 있다. 그들의 권력과 부는 지금과 같은 상황이 언제나 계속된다는 가정에 의존하고 있다. 게다가 우리의 수동적 태도가 그들을 돕고 있으며 그들은 지금 현재 상태에 아주 만족하며 살아가고 있다.

그러나 우리는 현실을 직시해야 한다. 우리가 살아가는 방식을 아주 조금만 바꾸는 것만으로, 재해를 더욱 심각하게 만들 수도 있고 우리의 터전을 황폐하게 만드는 환경의 변화를 늦출 수도 있다.

그러한 노력은 쉽지 않을지도 모른다. 비용이 더 들지도 모른다. 어쩌면 모르는 사람들의 눈으로 보기에는 구질구질해 보일지도 모른다. 그러나 그것이야말로 우리의 생존을 보장해 주는 길이다.

그러한 노력은 정말로 우리의 역사를 바꿀 수 있다.

---

4 전자현상을 이용하는 2단자 소자를 말한다.

브린 버나드 글·그림

캘리포니아의 버클리 대학교에서 미술과 인류학을 전공하고 패서디나의 아트 센터 디자인 대학Art Center College of Design에서 일러스트레이션을 공부했다. 역사적 재해에 대한 그의 그림은 〈타임-라이프 북스Time-Life Books〉와 〈내셔널 지오그래픽 소사이어티 National Geographic Society〉에서 발간되는 책을 비롯해서 수많은 곳에 실렸다. 현재 워싱턴 주 해안에 있는 한 섬에서 부인과 두 아이들과 함께 살고 있다.

그는 《노스 어메리컨 인디언》과 《아이스맨》을 비롯한 어린이를 위한 수많은 책의 삽화를 그렸다. 이 《위험한 행성 지구》는 그가 그림을 그리고 글을 쓴 첫 번째 책이다.

임지원 옮김

서울대학교에서 식품영양학을 전공하고 동 대학원을 졸업했다. 현재 전문번역가로 활동하며 다양한 과학서를 번역하고 있다.

옮긴 책으로는 《루시퍼 이펙트》, 《급진적 진화》, 《스피노자의 뇌》, 《에덴의 용》, 《섹스의 진화》, 《사랑의 발견》, 《이브의 몸》, 《빵의 역사》 등이 있다.

이충호 감수

서울대학교 사범대학 화학과를 졸업했다. 현재 교양 과학 도서의 전문 번역가로 활동하고 있고 우수 과학도서 번역상, 한국과학기술도서 번역상을 수상했다.

옮긴 책으로는 《화학이 화끈화끈》, 《과학상식 소백과》, 《수학이 또 수군수군》, 《펭귄과 함께 쓰는 남극 일기》, 《구석구석 인체탐험》, 《소리가 슥삭슥삭》, 《그림으로 보는 지구의 모든 것》, 《미생물이 미끌미끌》 등이 있다.